EVOLUTIONARY HISTORY

Uniting History and Biology to Understand Life on Earth

Edmund Russell

生态与人译丛

生态与人译丛

进化的历程

从历史和生态视角理解地球上的生命

〔美〕爱德蒙德·罗素 著

李永学 译

商务印书馆
创于1897　The Commercial Press

本书关注人类世代的持续性与变化,将本书献给我的先辈——安·卡尔德维尔·罗素(1934—1992)和爱德蒙德·保罗·罗素(小),以及我的晚辈——安娜·桑吉·罗素和玛格丽特·桑吉·罗素。

丛书总序

生态与人类历史

收入本丛书的各种译著是从生态角度考察人类历史的基础性的、极富影响力的、里程碑式的著作。同历史学家们惯常所做的一样,这些作品深入探讨政治与社会、文化、经济的基础,与此同时,它们更加关注充满变数的自然力量如何在各种社会留下它们的印记,社会又是如何使用与掌控自然环境等问题。

这些著作揭示了自然资源的充裕与匮乏对工作、生产、革新与财富产生了怎样的影响,以及从古老王朝到今天的主权国家的公共政策又是如何在围绕这些资源所进行的合作与冲突中生成;它们探讨了人类社会如何尝试管理或者回应自然界——无论是森林还是江河,无论是气候还是病菌——的强大力量,这些尝试的成败又产生了怎样的结果;它们讲述了人类如何改变对环境的理解与观念,如何深入了解关于某一具体地方的知识,以及人类的社会价值与冲突又是如何在从地区到全球的各个层面影响生态系统的新故事。

1866 年,即达尔文的《物种起源》出版七年之后,德国科学家恩斯特·赫克尔创造了生态学(ecology)一词。他将该词定义为对"自然的经济体系——即对动物同其无机与有机环境的整体关系所做的科学探察。……一言以蔽之,生态学即是对达尔文所指的作为生存竞争条件的复杂内在联系的研究"。以"动物"代之以"社会",赫克尔的这段文字恰可为本丛书提供一个适用的中心。

在本丛书中,并非所有的著作都旗帜鲜明地使用"生态"一词,或直接从达尔文、赫克尔,抑或现代科学以及生态学那里获取灵感。很多著作的"生态性"表现在更为宽泛的层面,从严格的意义来说,它们或许不是对当前科学范式的运用,更多的是阐明人类在自然世界中所扮演的角色。"生存竞争"适用于所有的时代与国家的人类历史。我们假定,在人类与非人类之间并不存在泾渭分明的界限;与任何其他物种的历史一样,人类的历史同样是在学习如何在森林、草原、河谷,或者最为综合地说,在这个行星上生存的故事。寻觅食物是这一历史的关键所在。与此同样重要的,则是促使人类传递基因,获取自然资源以期延续文明,以及对我们所造成的这片土地的变化进行适应的驱动力。但就人类而言,生存竞争从未止于物质生存——即食求果腹,片瓦遮头的斗争,它也是一种力图在自然世界中理解与创造价值的竞争,一种其他任何物种都无法为之的活动。

生态史要求我们在研究人类社会发展时,对自然进行认真的思考,因此,它要求我们理解自然的运行及其对人类生活的冲击。关于"自然的经济体系"的知识大多来自自然科学,特别是生态学,也包括地质学、海洋学、气候学以及其他学科。我们都明白,科学无法为我们提供纯而又纯、毫无瑕疵的"真理",如同那些万无一失、洞察秋毫的圣人们所书写的"圣语"。相反,科学研究基于一种较少权威主义的目的,是一项尽我们所能地去探索、理解、进行永无终结且总是倾向于修正的工作。本丛书的各位学者普遍认为科学是人类历史研究中不断变化的向导与伴侣。

毋庸置疑,我们也可以从非科学的源头那里了解自然,例如,农夫在日间劳作中获取的经验,或者是画家对于艺术的追求。然而现代社会已然明智地决定它们了解自然的最可信赖的途径是缜密的科学考察,人类经历了漫长的时间始获得这一认知,而我们历史学家则必须与科学家共同守护这一成就,使其免遭诸如宗教、意识形态、解构主义或者蒙昧主义中的反科学力量的非难。

这些著作中所研究的自然可能曾因人类的意志或无知而改变,然而在某种程度上,自然总是一种我们无法忽视的自主的力量。这便是这些著作所蕴涵的内在联系。我们期待包括历史学家在内的各个不同领域的学者及读者阅读这些著作,从而发展出探讨历史的全新视野,而这一视野,正在迅速地成为指引我们走过 21 世纪的必要航标。

唐纳德·沃斯特　文

侯　深　译

目　　录

前言 ……………………………………………………………… 1

致谢 ……………………………………………………………… 6

第一章　生死攸关的问题 ……………………………………… 1

第二章　清晰可见的进化之手 ………………………………… 7

第三章　狩猎与捕鱼 …………………………………………… 20

第四章　灭绝 …………………………………………………… 36

第五章　改变环境 ……………………………………………… 50

第六章　进化革命 ……………………………………………… 64

第七章　有意识进化 …………………………………………… 84

第八章　共进化 ………………………………………………… 101

第九章　工业革命的进化 ……………………………………… 122

第十章　技术史 ………………………………………………… 157

第十一章　环境史 ……………………………………………… 172

第十二章　结论 ………………………………………………… 180

有关资料来源的说明 …………………………………………… 190

术语表 …………………………………………………………… 194

注释 ……………………………………………………………… 200

索引 ……………………………………………………………… 252

前　　言

我在研究生第一个学期听了贝弗莉·拉特克的一堂生态课,这节课为本书播下了种子。她告诉我们,棉农们试图通过喷洒除虫剂控制虫害。这种策略初期是有效的,但接着就发生了两件令人迷惑不解的事情。首先,棉农们发现,年复一年,他们需要对抗的虫害**物种**[1]越来越多。其次,曾经卓有成效的杀虫农药效用大减。棉农们转而使用新品杀虫剂,开始还算有用,但随后也同样失效。他们不断换用杀虫剂并提高喷洒频率,直至这些杀虫剂全都宣告无用。由于无法阻挡虫害毁坏棉田,他们别无选择,只好放弃在成千上万英亩田地上种植棉花。

贝弗莉解释道,为理解为何棉农们需要对抗的害虫物种数随着时间增多,我们必须考虑到生态问题。这门学科的一个中心关注点解释了生物体物种繁多的原因。人们可以在农田中找到许多昆虫物种,其中有些数量极大,能够吃掉大量农作物,因此我们将其称为"虫害"。许多其他昆虫物种的种群也以一定数量生活在农田中,但人们基本上没有注意到它们,因为它们对农作物没有造成可见的危害。在有些情况下,人们不认为它们是害虫,因为它们吃的不是农作物,而是其他东西。在另一些情况下,它们吃的也是农作物,但它们的种群太小,无法对农作物产生可见的危害。有多种因素使昆虫种群保持较小,其中包括其他昆虫物种作为它们的天敌。(可以想象一下瓢虫在扑食蚜虫。)这就意味着,从农民的观点出发,农田中的某些昆虫物种是有害的,因为它们吃农作物,但其他一些昆虫物种是有益的,因为它们吃那些危害农作物的昆虫。

一首儿童诗歌为此提供了一个类比。在杰克建筑的房子里，杰克相当于农夫，麦芽相当于农作物，啃啮麦芽的耗子相当于吃农作物的害虫。在杰克建筑的房子里有猫，它们捕食那些吃麦芽的耗子，它们是耗子的捕食者，相当于捕食害者。现在让我们修改一下原来的故事，在其中加入另一个物种：小老鼠。住在房子里的小老鼠也吃麦芽，但猫吃它们，而且吃得效率很高，这就让小老鼠造成的损失变得微不足道。小老鼠就相当于农田中种群很小的昆虫物种。

现在，不算杰克，在他的房子里有三种哺乳动物物种，还有两种捕食者—被捕食者关系。耗子这个物种数量大且嗜吃麦芽，足以被称为虫害。小老鼠是第二种吃麦芽的物种，但它们在房子里的存在量很小，我们很少注意到它们，因此它们没有被称为虫害的资格。第三个物种是猫，它吃耗子和小老鼠，对杰克有益。在棉田里生活着一套类似的昆虫阵容：虫害物种，它们数量庞大而且吃农作物；其他吃农作物的昆虫物种，但数量很小；捕食者物种，它们数量各异，吃昆虫。

想象一下，如果杰克认为耗子给他造成的损失太高，无法接受。他可能会如何应对呢？一种方式是引进更多的猫，另一种是毒杀耗子。不妨假定杰克采取的是后一种方式，并在房子里撒下耗子药。同时假定他选择的耗子药可灭杀多种哺乳动物物种，其中包括猫和小老鼠，它们和耗子同样罹难。让我们进一步假定，一旦耗子药的药力过去，本来居住在房子周围田野里的其他耗子和小老鼠很快就会搬入房子里。而猫的进入速度就慢了些，因为它们居住在远处邻居们的仓廪里面。耗子和小老鼠的物种数量很容易就会直线上升，这样小老鼠造成的损害大增，可以跟耗子一样成为名副其实的虫害。现在杰克就在房子里跟大量耗子和小老鼠住在一起，没有猫了。具有讽刺意

义的是,在试图消灭一种物种的同时,杰克不知不觉地让第二个物种变成了
虫害。

对于棉田中的昆虫来说,杀虫剂具有类似的效果。许多杀虫剂的灭虫范
围都很广,这有好处,但也有坏处。当农民为消灭一种昆虫物种而喷洒农药
时,不经意间也杀死了作为害虫天敌的有益物种种群。在不存在天敌的情况
下,那些种群曾经很小的食棉昆虫物种兴旺了起来,成了完全合格的虫害。xvi
因此,喷洒农药所具有讽刺意味的效果,是其增加而不是减少了虫害物种的
数目。作为喷洒农药的副作用,这种虫害种群壮大,足以让昆虫学家用一个
术语加以形容:次生虫害。喷洒农药并没有创造新的物种;但在其帮助下,几
种物种的种群增大了,从而造成了经济上的问题。这就解释了为何尽管定期
喷洒农药,但棉田中损害作物的昆虫物种数目仍在增加。

为解开第二个谜团,即为什么杀虫剂无法杀死它们过去能够有效控制的
虫害物种,贝弗莉转而运用进化理论。虽然棉农们自己不知道,但他们一直
在对自然选择这一达尔文进化理论进行实验。在《物种起源》这部著作中,
查尔斯·达尔文总结道:"如果对于任何生物体有益的变异确有发生,则具有
这种变异特性的个体肯定会在生存斗争中享有最大的存活机会;而且,根据
牢不可破的遗传规律,这些个体将倾向于繁殖带有类似特性的后代。这一保
存原理或可称为适者生存,但我称之为自然选择[2]。"

在棉田昆虫问题上,运用达尔文理论并不困难。首先,确实发生了对个
体"有益的变异"。当开始喷洒农药时,某处棉田中某一物种的昆虫个体(即
种群)中的绝大部分都容易被杀虫剂灭杀,但却有少数个体有抵抗力,因为它
们凑巧享有某种生化机制,可以不受毒性侵袭。就这样,这些个体以某种"有
益的"特性产生变异。其次,这种特性上的不同影响了"在生存斗争中的存
活机会"。与对农药敏感的个体相比,有抵抗力的个体在农药的灭杀下生存

的个数更多。用达尔文术语来说,喷洒农药选择了一种特性(抵抗力),排斥了另一种特性(敏感)。第三,由于"牢不可破的遗传规律",个体昆虫"繁殖了带有类似特性的后代"。敏感的上一代产生了敏感的后代,而有抵抗力的上一代产生了有抵抗力的后代。今天,我们把"牢不可破的遗传规律"归因于基因(即 DNA 链,其上带有细胞应该如何运作的指令)的传递,从而使得特性由父母传给后代。

谜团得以解释。杀虫剂并没有因自身的变化而失去杀死昆虫的毒性;它们对昆虫失效是因为目标昆虫种群发生了变化。在喷药之初,棉田中敏感的昆虫个体数远远超过有抵抗力的昆虫个体数,因此农药很有效力。但每一轮喷药都有选择作用,这一作用偏向有抵抗力的个体的存活与繁衍,不利于敏感的个体的存活与繁衍。这一过程在多代昆虫中不断重复,从而增加了种群中有抵抗力的个体的比例,最后导致农药无法杀灭种群中足够的害虫,因此不再值得喷洒。昆虫种群进化了。

对次生虫害的诱导和有抵抗力的昆虫的进化将农民推上了某种人称"农药跑步机"的状态。短期而言,某种农药是有效的;但用多了它就失效了。农民们换用另一种农药,同样的过程再次发生,周而复始,直至无穷。贝弗莉把这一过程描绘为一个共进化的军备竞赛:昆虫产生抗体,让人们进行技术革新,而后者又导致昆虫进一步进化以获得抵抗力;之后人们再次进行技术革新,如此种种。农民们仿效《爱丽丝梦游仙境》中的红皇后,她必须在跑步机中越跑越快,才能使自己在原地停留不动[3]。

那天晚上,当我的妻子准备晚饭的时候,我滔滔不绝地向她讲述贝弗莉的观点。我们当时吃的可能是墨西哥卷饼,也可能是意大利面条,因为依照我们当时的经济状况,我们的晚饭大部分时间都是二者之一。我有一种感觉是,即使在今天,我也没有完全弄清这个故事让我如此着迷的全部原因,但我可以确定在人与自然的关系上,这个故事采取了中立的立场,它指明了在时间的进程中人与自然的相互作用。它需要结合理科(生态学)和人文科学(历史)的思想来理解各事件。读者们将在本书中看到同样的想法。　　xviii

致　　谢

　　本书得以问世，离不开许多人的帮助。贝弗莉·拉特克与约翰·范德米尔是我在密歇根大学的博士指导委员会的两位主席，他们让我理解了人类在生态与进化中的角色。我将永远感激他们以及厄尔·沃纳，因为他们鼓励我在生物系中写下一篇以历史学为主导的博士论文。我也同样感激密歇根大学的三位历史学家理查德·托克、杰拉德·林德曼和苏珊·莱特，作为博士指导委员会成员，他们给了我支持与指点。我是作为预博士研究人员在史密森学会的美国国家历史博物馆书写论文的，那里的管理者和同事们为我创建了一个与历史研究生课程十分类似的讨论团体。在帮助一个生物学家转变为历史学家的过程中，皮特·丹尼尔和杰弗里·斯泰恩担任了特别重要的角色。所有这些人都帮助我撰写我的博士论文，这是一项以化学武器和杀虫剂的历史为工具，检查战争与环境变化之间关系的工作。这篇博士论文讨论了昆虫与杀虫剂以及其他东西的共进化，而本书就是这一主题的大众化叙述。

　　幸运的是，2001 年以《战争与自然：第一次世界大战至 1960 年代的化学物质与人类和昆虫作战史》为题在剑桥大学出版社发表了这篇经过改写的博士论文，这让我得以与弗兰克·史密斯和多纳尔德·沃斯特一起工作。他们十分耐心，提出的建议充满睿智，是编辑的典范。这一经历使我能够再次向剑桥大学出版社提议，撰写一部对狗进行个案研究的进化史著作，本书第一章对此有明确说明。弗兰克提议将该书一分为二，一本旨在对进化史进行宏观探讨，另一本则重点讨论犬科动物。这是一个极好的建议，使我满怀感激之情,与这样一位敏锐而又乐于助人的编辑再次合作。您正在阅读的即上述的第一本书,而我希望,当讨论犬科动物的那本书(也将由剑桥大学出版社出版)问世时,您将再次拨冗一阅。

弗兰克·史密斯、多纳尔德·沃斯特和约翰·马克尼尔(剑桥系列书目的编辑),迈克尔·格兰特、布莱恩·巴洛格和露西·罗素对全篇手稿进行了十分有益的评论。乔纳森·文德尔和盖·奥托兰诺对第九章提出了宝贵的建议。我也经常在我们每周的例行散步时,征询布莱恩·巴洛格的重要意见。在对本书涉及的各种问题(无论大小)的讨论中,无不融入了这些人的建议。汤姆·芬格尔和杰尼弗尔·凯恩是助理研究人员的楷模。赫泽·诺顿和乔纳森·文德尔以极为认真的态度回应了我就工作提出的问题,对他们所有的人我深表感激。

作为《环境史》杂志的编辑,亚当·罗马对于本书的想法起到了重要的推动作用。我曾提交了一份会议论文,其中包括进化与历史的一些基本概念,亚当建议我把它改写成一篇正式文章。他把该文手稿的最初两稿还给了我,这对我很有帮助。经过重新改进的第三稿以《进化史:对于一个新领域的简介》为题发表于 2003 年 4 月号的《环境史》(见该期 204 —228 页)。《环境史》是美国环境史与森林史学会的定期出版物,我对他们允许我在本书第十一章(《环境史》)和其他地方重新刊印这篇文章的内容表示感谢。

我同样感谢 2002 年在罗格斯大学举行的"生物体工业化"会议的组织者菲利普·斯克兰顿、苏珊·施勒芬和保罗·伊斯雷尔。菲利普和苏珊以"进化史简介"为副标题编撰了一份来自会议的论文集,我在该次会议上所做的介绍性评介成了论文集《生物体工业化:引入进化史》(苏珊·R. 施勒芬与保罗·伊斯雷尔编,纽约:劳特利奇出版社,2004)中的一章("引言:机器中的花园:走向技术进化史",见该书 1 — 16 页)。感谢泰勒与弗朗西斯出版集团公司允许我在本书第十章(《技术史》)中重新刊印该文内容。

图 9.1 是一些棉铃的照片,经仔细查询版权所有者之后出现在本书中。该照片最先出现在曼彻斯特大学出版社 1966 年出版的《1847—1872 年的曼彻斯特人与印度棉花》一书 293 页,作者亚瑟·W.希尔维。曼彻斯特大学出版社没有该照片的来源记录,也没有该照片的版权。该出版社与天普大学(书中所示希尔维的所在单位)没有希尔维的联系方式。我在谷歌搜索中也无法找到此人。

我感谢弗吉尼亚大学科学、技术与社会系和历史系的同事们对我的支持与建议。弗吉尼亚大学为我提供了研究假期、美国国家科学基金会为我提供了资助(资助号 SES-0220764),支持本书的研究工作。书中陈述的任何意见、发现和结论或建议都属于作者本人,并不一定反映了美国国家科学基金会的观点。我对以上机构与个人对我的支持表示感谢。

来自剑桥大学、麻省理工学院、英属哥伦比亚大学、朱尼亚塔学院、弗吉尼亚理工学院、堪萨斯大学、俄克拉荷马大学、弗吉尼亚大学、美国环境史学会年会、科技史学会年会、罗特斯大学生物工业化会议的读者对本书的想法做出了有益的评论。

衷心感谢我的妻子露西、我们的女儿安娜和玛格丽特,她们甘心情愿地容忍我的这一工作。我的生活离不开她们。

弗吉尼亚州夏洛茨维尔市

2010 年 4 月 14 日

第一章

生死攸关的问题

祖父在我十三岁那年死于心脏病。他入院治疗前列腺病症，在医院中受到感染，导致心力衰竭。他的去世当然让我非常悲伤，但也让我感到困惑不解。在这之前，我曾见过盘尼西林这类神奇药物，它们能治好我的一些身患重病的亲人，因此我无法理解，为什么类似的药物无法控制我祖父的感染。特别奇怪的是，他是在一家医院里去世的，而他本应在那里得到最佳的治疗。在我的记忆中有一处幽长昏暗的壁架，其中放置着未解的神秘事件，而我祖父的去世被我深藏在那里，达数十年之久。

最近我意识到，我面前的计算机屏幕上闪耀着对这个谜团的一个可能的解释。我祖父的去世或许是本书论点的一个例子：人类激发了其他物种的种群进化，而这一进化又改变了人类的经历。几十年来我一直知道，病原体能够产生对抗生素的抵抗力，但我从来没有用这一点来解释我深爱的人的死亡。意识到这一点让我的心跳加快、手指颤抖，其激烈程度让我在一个小时之内都无法打下一个字母。

　　事情的经过可能是这样的：在我的祖父到达奥马哈的一家医院之前，医院的医生们在一次手术后使用了某种抗生素（诸如青霉素或者一种更新的药物），以避免与治疗某种感染。这一疗法奏效了。但随着时间的推进，某个在这所医院中生存着的病原体种群对这种药物产生了抵抗力。另外一种可能性是，这种菌株或许在其他地方进化，产生了抵抗力，并附在一个病人的体内来到了我祖父所在的医院。（如果你对进化产生抵抗力感到神秘莫测，请认真读一下本书第二章吧。现在请先相信我这句话：病原体种群能够进化，产生对抗生素的抵抗力。）因为这一种群与同样物种的其他种群在对药物的抵抗性这一特性上有区别，所以我们称其为**菌株**。

　　开始时医生们并没有意识到，一种具有抗药性的新菌株感染了他们的病人，所以他们还给病人服用过去行之有效的抗生素。属于这一菌株的细菌通过器械和医护人员的手从一个病人的身上传到另一个病人的身上。有些病菌通过导尿管进入了我祖父的尿道；尽管他服用了抗生素，但这些病菌还是大量繁殖了起来。这对他本已虚弱的身体提出了挑战，从而导致高温，进而让他的心脏承受了压力，最终造成了祖父的死亡。

　　我们可以相当有把握地预测这种病菌菌株的命运，因为同样的发展进程在全世界所有的医院中一再重复。在遭受了足够多次的失败之后，医生们意识到，这种药物在这所医院里已经对这一病菌无效了。他们换用了另一种抗菌药物；医院里的细菌种群进化，对此产生抵抗力；医生们换用了第三种抗生素；这一过程周而复始，直至今日。

　　我祖父和病菌的情况是普适的。本书提出了四项观点，它们有助于我们理解从个人事件到全球规模事件的种种情况：

- 人类造就了人类与非人类物种种群的进化。
- 人类引起的进化造就了人类历史。
- 人类与非人类种群发生了共进化，即在相互影响中持续发生变化。
- 一个叫做进化史的复合新领域比单独用历史或生物学更好地帮助我们理解过去与现在。

纵观全书，我们将看到支持这些观点的证据以及这些观点隐含的意义。我在此列一些例子以说明它们的意义：

1. 今天的人类比任何其他物种都更有力地影响进化。我们促使野生动物和鱼类缩小体型，让病菌和虫害进化以获得抗药性，让农作物和家养动物发展我们珍视的特性。生物体在特定的环境中进化。我们改变了广大地区的陆域与海域的环境。我们今天对于气候的（可能）影响正在改变整个地球上的物种种群的进化。

2. 人为的（即人类造成的）进化使人类历史上最重要的转变成为可能，即大约 12000 年前的农业革命；这一转变几乎对历史学家传统上研究的所有事件都是至关重要的。农业革命是一场进化革命。它造就了定居社会，而定居社会造就了文字、阶级斗争、经典希腊哲学、资本主义、国家政权、复杂的技术、歌舞伎、美联储体系和目标管理制度。

3. 人为进化激发了人类历史上第二次最重要的转变，即 18 世纪后期至 19 世纪初期的工业革命。工业革命的先锋之一是棉纺织业的机械化，这一过程依赖于坚韧的长棉纤维，它产生于美洲印第安人，即先于欧洲移民定居于美洲的人引起的进化。

4. 人类与农作物物种的共进化或许是进化出浅色皮肤的原因，种族主义者和种族隔离主义者用这一特性划分社会组群。

5. 在进化史这一新领域内，历史学与生物学的结合让我们对事件的理解比利用单一学科更为全面。历史学可以解释为什么我的祖父进了医院，但传统的历史学观却无法解释某种抗生素失效的原因。生物学能够解释抗生素失效的原因，但说到最初把抗生素和病菌带到一起的行政机构和技术的兴起，它却没有多少发言权。

6. 社会力就是影响进化的推动力。历史学家通常研究人类之间的相互影响，但几乎所有历史学领域都可以拓宽它们对这种影响的理解，包括其他物种种群的进化。举个例子，很少有政治历史学家的著作将国家政权的建设描述为一种进化的推动力，但我们将会看到，国家政权的强势与弱势影响了大象与北美野山羊种群的进化。与此类似，生物学家能够将国家政权的能力作为进化模型中的变量之一。

7. 人为进化是一种社会力。前面一点强调了历史学家能够把他们对这种影响的理解范围扩展到人类范围以外，把非人类物种的进化包括在内。与此类似，我们能够把我们对因果关系的理解扩展到人类范围之外，把进化包括在内。某些国家曾通过操纵农业物种种群的特性征服其他的国家。

以下各章将逐步阐述这些观点。第二至第八章将探讨观点一，即造就了人类与非人类物种种群的进化。第二章定义了进化，解释了进化的作用机理，阐明了人类影响进化的能力，并定义了关键的术语，这些术语也出现在《术语表》中。第三至第八章以人类活动的种类为提纲，提供了人为进化的例子。我们将逐一考察狩猎与捕鱼、生物体的灭绝、环境的改变、驯化、有意识进化和共进化。

第三至第八章也阐述了观点二，即人类引起的进化造就了人类历史。我们将会看到，我们在其他物种种群中造成的改变怎样反过来造就人类的经历。人为进化曾经增加过也减少过人类可以得到的食物量，曾经增进过也损害过我们的健康，曾经增加过也降低过农作物与医药的花费，或许也曾帮助过叛乱分子和可卡因制造者逃脱政府的控制，也曾提高过一些国家的国民生产总值。

第八章探讨了观点三，即人类与非人类种群发生了共进化。这一观点的眼界超出了单向影响的界限，追踪了人类与其他物种的种群如何在相互影响中反复进化。

第九章应用了前几章的观点来说明进化史如何改变我们对于已经充分研究过的历史事件的认识。我将利用工业革命这一史上最重要的转变之一来说明这一观点。学者们通常认为，工业革命的缔造者是英格兰人、英格兰人的发明和他们的组织。第九章将棉纺织业的历史作为个案研究，认为是人为进化让工业革命成为可能。我认为，是来自"新大陆"的超长棉纤维让发明家得以研发用于纺织棉布的机器。在新大陆进化产生的超长棉纤维是美洲印第安人选择的结果，因此棉纺织业的工业革命是对新大陆发生的人为进化的回应。

我希望这些章节能说服读者同意一个观点，即进化史比单一的历史学或生物学更好地帮助人们理解过去。生物学家已经在用进化史讨论物种的祖先了（例如在大象的进化史中所做的那样）。我提议将这一术语的意义　4
扩展为带有领域（或者说研究大纲）的意义，其研究范围是人类和其他物种种群长期以来相互造就对方特性的方式，以及这些变化对所有上述种群的重大意义。

进化史具有扩大许多领域的潜力。第十章与第十一章中给出它在环境史和技术史领域中隐含的意义。这两章的目的并不是提供详尽的文献综述，而是告诉人们，这些领域是如何为进化史打下基础的，以及它们会如何从中受益。我认为进化史是学识的交叉互补途径，而不是一个单一的领域。在结论中，提出了进化史也会影响其他历史领域的可能方式。

　　本书的主要目的之一是否定我们许多人认为的，进化是一件"与己无干的事情"——在时间上远离我们，在空间上远离我们；远离作为人类物种的我们，当然也远离作为个体的我们[1]。我的祖父有关进化的经历发生在一个寻常城市的寻常医院，是寻常的人们对寻常生活中寻常家庭的寻常病人进行寻常工作的结果。

　　进化是寻常的，不是异常的。它每天都围绕着我们每一个人发生，围绕着你、我、隔壁邻居家的狗发生，在我们每一个人的体内发生。我们很少注意到它，但它一直在影响着我们的生活。

第二章

清晰可见的进化之手

当与其他人讨论有关本书的想法时，我逐渐意识到了人们困惑的表情。这一表情通常始于一道紧锁的眉头，有时是头部向一侧的倾斜。然后一只手抬了起来，随之而来的是反对意见。最普遍的一种反对意见与进化的定义有关。我认为"进化是**物种的形成**"。你是说，"人类创造了新的物种？难道物种的形成不是经过数百万年才能成功的吗？难道这一过程不是在很久以前就完成了吗？"另外一种普遍的反对意见与进化的机理有关。达尔文证明，"进化的产生是自然选择造成的。"而你却说是"人工选择，这和达尔文所说的完全不是一回事。这不是真正的进化"。如果你也有类似的问题或者反对意见，那么这一章值得一读。

本章的目的是解释本书描述的过程确为进化的原因；为读者就进化的理念提供一份初级读本或复习读本，这对于理解本书的其余部分至关重要；

阐明书中所用术语的含义。我们将考虑进化的当前概念，列出基本要素，并观察这些要素在自然环境下和日常生活中的运转情况。我们将阐明诸如自然选择、人工选择、人为进化、遗传漂变、抽样效应和灭绝这些术语的意义。如果对所有这些概念都不陌生，你大可跳过本章，直接阅读下一章。

　　不难看出，为什么许多人把进化与物种的形成视为等同。后者是进化的革命性结果，它占据了大部分大标题，引发了大部分争议。查尔斯·达尔文在他的划时代巨著《物种起源》（图 2.1）的标题中着重强调了物种的形成；而一百五十年来，原教旨主义者一直在向一观点提出挑战：人类是从其他物种进化而来的，而不是在上帝创造世界的第六天以完整形式出现在地球上的。由于进化论的这种观点，原教旨主义者一直力图禁止在公立学校中教授进化论。

　　生物学家认为，进化是一个比单纯的物种形成更广泛的过程。为了理解原因，不妨让我们选取一个加拉帕戈斯群岛的例子，该群岛因查尔斯·达尔文而为世人所知。普林斯顿大学的彼得·格兰特和罗斯玛丽·格兰特于 1973 年开始在该群岛上研究鸟类。他们和合作者们证明了雀类种群的特性变化得很快。例如，在 1977 年干旱期间，其中一个岛屿所能提供的小型种子数量大减，迫使雀类以啄食较大较硬的种子为生。喙部较大的雀类能比喙部较小的雀类更容易地啄开这些种子；于是，喙部较大的雀类个体比喙部较小的雀类个体更易存活。在喙的尺寸方面，后代与它们的亲本类似，且下一代的喙的平均尺寸有所增大[1]。

　　喙的尺寸增大，这一点与生物学家对于进化的普遍定义吻合，即在多个世代中发生的种群遗传特性的变化[2]。这一定义有几项要求，其中有些是明显的，另一些不那么明显，我们将以雀类为例说明。

　　1. 种群。我们可以粗略地把种群描绘为某种物种生存于某处的一组个

6

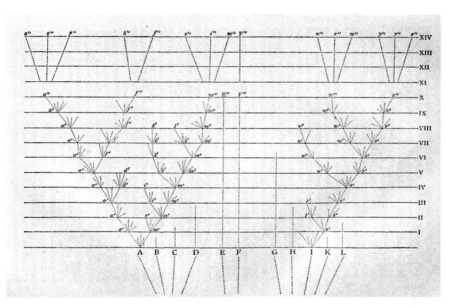

图 2.1　达尔文的进化论分支。利用这一简图，达尔文说明了新物种从旧物种进化而来这样的观点。从 A 到 L 的每一个分支都代表着一个祖先物种和它的后代。这一简图显示了随时间发生的变化，上端水平线代表今天，而底线代表较早的时期。那些未能到达上端线的分支代表已灭绝的物种。人们可以使用同样的简图来代表品种和种群，但引入水平线来说明种群和变种之间的杂交会更准确。达尔文指出，品种与物种之间并没有明显的区分。（查尔斯·达尔文，《论借助自然选择（即在生存斗争中保存优良族）的方法的物种起源》，伦敦：奥达姆斯出版社，1859，1872，127.）

7

体。前述的种群即由生存于加拉帕戈斯群岛中的一个岛屿（达芙尼岛）上的某种地雀物种（福蒂斯地雀）的一些个体组成。

　　2. 个体中遗传特性的变异。在达芙尼岛的地雀种群中，个体的喙尺寸各异。大喙地雀有大喙后代，小喙地雀有小喙后代。

3. 生育对于向后代传递特性是至关重要的。

4. 某个种群的遗传特性在多个世代中的变化。这一种群的喙的平均尺寸在每一代都有所增加。

注意，这一定义并不依赖于许多人认为的与进化相关的几种事物。它并不把进化局限于物种的形成，因为任何种群特性的改变都属于进化范畴。它并不需要数百万年的时间，因为一个种群的进化可以仅在一代之内发生。它并不要求自然选择，因为特性的变化对于机理并无确定要求。（地雀种群确实是由于自然选择发生的，但这一定义也允许其他的机理，有关这一点我们将在后文中举例。）这一定义并不要求我们排除人类作为进化推动力的这种可能，因为它并没有将进化推动力局限于所谓的自然。最后，它并不要求进化随机发生，因为该定义并未提及意向性（表 2.1）。

表 2.1 理解进化

标准	通常的想法	进化生物学
进化的定义	物种形成	种群特性在多个世代中改变
进化的最普遍形式	物种形成	种群变化，不存在物种形成
物种形成的原因	以进化为目的	进化的结果，不存在目的性
进化的方向	指向物种形成	多种方向，且可以变化
进化需要的时间	长（数千年或数百万年）	可长可短，细菌仅以小时计
进化的起因	仅为自然选择	任何在多个世代中影响种群特性的事物，包括自然选择、性选择、系统选择、无意识选择、取样效应、遗传工程等。
进化中人类的角色	无——我们造成了人工选择，但没有造成自然选择	重要，因为我们影响了许多物种在多个世代中的特性
物种组成	单一	由基因和特性重叠的种群组成

续表

标准	通常的想法	进化生物学
人类为物种创造的选择	以同种形式存活或灭绝	以同种形式存活或进化或灭绝
灭绝	只有物种能够灭绝	任何种群皆可灭绝
今天的进化状况	基本完成	仍在持续。今天的状况并不比任何其他时期的状况更完全或不完全

　　注：并非每个人对进化的想法都与进化生物学家的想法相同。本表强调了某些最常见的区别。本书观点建立在进化生物学栏中的想法上。

9

　　有些人相信进化仅仅来自自然选择。他们在知道查尔斯·达尔文确定了四种选择而不是一种的时候可能会大吃一惊。其中两种选择发生在自然环境下。第一种也是最著名的一种就是自然选择，达尔文将它定义为"对有利的个体差异与变化的保存，和对不利的个体差异与变化的淘汰"[3]。达尔文认为，自然选择是推动进化最重要的动力。第二种是性选择，达尔文将它描述为"同性（通常是雄性）个体为占有异性而进行的斗争。失败者的结果不是死亡，而是后代较少或不存在后代"[4]。

　　另外的两种选择发生在驯化过程中。一种是系统选择。达尔文写道："变异在自然中持续发生；人类让这些变异向对他们有利的方向积累。"达尔文认为，这一过程有助于创造符合人类愿望的动植物品种[5]。另一种为无意识选择。达尔文认为，这一过程"是试图拥有并饲养最佳动物个体的每一次尝试的结果……［动物拥有者］并不希望或期望永久地改变品种……这一过程千百年来持续进行，它将改进与改变任何品种"[6]。

　　令人吃惊的事实是，查尔斯·达尔文把许多人认为不属于达尔文进化的东西包了进去。没有物种形成的改变？打勾。自然选择以外的机理？加入。人类是进化的参与者？没错。家养植物与动物？放入。人类的意愿？是的。如果因为大众的传言让达尔文的想法局限于自然选择，这不是达尔文的错。

这些澄清性说明让我们更容易看到，为什么如第一章所述，在我祖父的医院里发生的事情也属于进化。我们看到，在遥远的异国，在加拉帕戈斯群岛上，四大要素俱全，从而造成了地雀的进化。在美国一家医院的病房里，在人们更为熟悉的场景下，同样的四大要素造成了病原体的进化：

1. 生存于一家医院中（更准确地说，是在医院的病人身上）的一种病原体物种的种群。我们不知道这一物种的名称，但我们知道它的存在，因为它引起了感染。

2. 某种遗传特性发生了变异。在一个或更多的病人身上，该病原体种群的某些个体在抗生素的作用下存活了下来，而其他成员没有存活。我们称那些经受住抗生素的病原体个体是有抵抗力的，而那些死掉的是敏感的。
10 病原体个体从自己的上一代继承抵抗力或敏感性。

3. 有繁殖发生。病原体种群在病人身上繁殖。种群通过医院的设备与员工在病人之间传递这些病原体（病菌）生存。

4. 经多代繁殖，种群的遗传特性发生了改变。在医生用抗生素对医院里的病人进行治疗之前，种群中绝大多数病原个体是敏感的（否则医生就会立即弃用这种药物）。在一代或多代之后，有抵抗力的个体在病原体种群中的比例高于引入抗生素之前。

过去一百五十年来，我们对于第二要素即特性的遗传的认识有所改变。达尔文对于繁殖的研究让他深信，母体可以把特征传递给后代，但这种传递的机理让他感到不解，他对此毫不讳言。举例来说，某种特征是怎样在一代中出现、在下一代中消失、而又在更下一代重新出现的，这一点很难解释清楚。

达尔文确实做了一番努力，他提出了一项称为泛生论的假说。假说认为，动物身体中的个别部分会释放出芽球，这些芽球富集在精液和卵中。当受精卵中的后代成长时，母本的芽球便进入后代身体中合适的部位。如果外部条件改变了母本身体的某个部分，那个部分释放出来的便是有所改变的芽球，而后代接受的便是改变后的特征[7]。达尔文的假定或许出人意料。许多人学过达尔文进化和拉马克进化之间的比较，而其中的关键差别是在于达尔文进化认为不存在习得性特性，而后者信奉这一点。事实上，达尔文和拉马克都相信习得性特性的遗传。

遗传学领域的发展提供了一项比达尔文的芽球假说更可靠的机理。格里哥·孟德尔和其他人都留下了有关遗传的可预测模式的文稿，其中包括显性特性和隐性特性。生物学家把假说中控制特征的单元称为基因。科学家在 20 世纪发现基因是 DNA 的片段，它们携带着控制细胞功能的指令。有些遗传学家扩展了他们在基因上的观点，认为它们不仅关乎个体或家族特性，同样也关乎种群的特性，种群遗传学就此诞生。

20 世纪中叶，进化生物学家和种群遗传学家把他们各自的观点合并，成为了现代综合论，亦称新达尔文综合论。综合论者认为，遗传学和进化生物学的定律是兼容的。尽管这种观点在今天看来是不言而喻的，但在 20 世纪较早时情况并非如此清楚。综合论认为，基因可以解释特性的遗传，基因变异可以解释特性的变异，基因突变可以解释新特性的产生。综合论者将种群置于进化过程的中心；他们认为，自然选择在推动进化上起到了最大作用。在今天，新达尔文综合论仍是进化生物学的主流模式[8]。

综合论引出了进化的一个新定义：生物体种群的基因组成在多代中发生的变化[9]。这一定义在生物学家中已是老生常谈，但许多大众对此尚不熟悉。其关键理念在于把基因的变化作为进化的量度。在几代种群中，即使只有一个单一基因变得更普通或不普通，进化便已经发生。这一定义最重要的好处之一，是它能帮助我们理解各种尺度的进化，从个别种群到物种，再到动物界或植物界。微进化和宏进化之间在机理上并无差别。不同尺度的变化程度是不同的，但过程并无差异。

最近在实验胚胎学领域中有了新的发现，它们挑战了把进化局限于基因遗传而排除习得性特性遗传的教条。在 DNA 上增加或减少某种化学结构（甲基）似乎可以激活或关闭基因，从而影响生物体的特性。同样，后代似乎可以从母本那里继承甲基化。甲基并非基因，因此不属于基因遗传范畴，但它们确实能够为习得性特性提供一种非基因的遗传手段。实验胚胎学是一门迅速发展的年轻学科，它可能导致对新达尔文综合论的修订[10]。

熟悉人工选择这一术语的读者或许会想，为什么很少出现在本书中。不管怎么说，它还是一个人们时常使用的术语。谷歌搜索的结果出现了311000 个条目。生物学家已经把它应用于本书描述的过程中，比如抵抗力与繁殖发展。这是一个正统的术语，但我避免使用，因为与它澄清的东西相比，它掩盖的东西更多。

造成困惑的一个来源是对于"人工选择"的定义的不同看法。有些作者，特别是教科书的作者，或多或少地将这一定义等同于繁殖。以下是两12 个例子：

• 道格拉斯·菲秋马的进化生物学教科书是这样定义人工选择的："人类在有意识选择特性或特性组合的情况下对种群（通常是被捕获的）进行的选择；与自然选择的不同在于这种选择对于存活和繁殖的标准根据所选择的特性决定，而不是由整个基因型决定[11]。"

• 海伦娜·柯蒂斯的基础生物学教科书的定义是："以生产具有所希望的特性的后代为目的而选择的生物体的繁殖[12]。"

这两个定义都强调了塑造未来世代的有意识的愿望、人类对于繁殖的控制以及对所希望具有的特性的发展。

其他生物学家则用人工选择指那些具有相反特点的过程：对于未来世代的意外效果、不存在人类对繁殖的控制以及不合需要的特性的发展。

● 斯蒂芬妮·卡尔森等将这种意外地让野生鱼类种群个体尺寸变小的特性选择的捕获（此处特指捕捞较大的鱼类）称为人工选择[13]。

● 让-马克·罗赖恩等把病原体对多种抗生素进化产生的抵抗力描述为人工选择[14]。

生物学家使用人工选择这个术语的方式相互矛盾，但在这件事情上他们意见一致：人工选择是人类所为。因此，实际上（如果不是理论上），人工选择的主要作用是区分人类与所有其他起作用的因素（我们通常称之为自然）。《牛津英语词典》对于"人工"的第一个定义是："与自然对立的。"每当使用"人工选择"时，我们都是在确认我们的自我形象。如果我们与自然之间存在着本质差别，那么，我们的行动和效果也会有着本质上的不同。一旦人工作为人类影响的同义词加入了进化过程，它几乎不会浪费时间来解释其他含义。两个最为隐晦的含义是假的和伪装的。我们已经习惯了人造花朵和人造水果，所以可能会很容易地得出结论，认为人工选择是对真实选择的模仿。这一结论将会相当有逻辑性地引导我们把人工选择的结果看成对选择的模仿。但这一想法是错误的。无论是在遥远的岛屿上，或是在农夫的仓院里，种群特性的改变都是真实的。

为了防止人工造成的混乱，本书用了一些术语，如人类引起的、人类塑造的和人为的。我交替使用这些术语，以确认人类是进化的参与者，但并不意味着与其他物种造成的影响相比，我们造成的影响更不真实或不重要。我更愿意使用的术语也让我们能够绕开"人工选择是否包括意外影响"这一困惑。当是否具有意向性这一点具有重要意义时，我依赖于达尔

13

文使用的形容词：系统的和无意识的。

考虑到许多著作的作者认为达尔文是"人工选择"这一术语的发明者，这一事实值得加以澄清：进化论者达尔文并没有很卖力地推行该术语。他确实使用这一术语作为自然选择的对照，但他从未定义过它或者放入他的选择分类清单中。"人工选择"在《物种起源》一书中出现了两次，在《驯养动植物中发生的变异》中出现了一次。后者是有关植物与动物养殖的一部两卷本的详细研究，因此该术语在其中仅仅出现一次是引人注意的。人工选择没有出现在《物种起源》的索引中。如我们之前所见，达尔文确实强调了人类活动的另外两个术语："系统选择"在《起源》中出现了7次，在《变异》中出现了23次，而且都出现在两本书的索引中；"无意识选择"在《起源》中出现了7次，在《变异》中出现了43次，也出现在两本书的索引中[15]。

达尔文对人工一词用得不多，可能是因为他在以连续发展的方式排列不同选择，而不是把不同的选择放入不同的盒子中。他把系统选择固定在一端上，随后逐步转变为无意识选择，最后转变为另一端的自然选择[16]。最后，在一段值得详加引用的文字中，达尔文批评那些把连续体割裂成人工选择与自然选择的作者：

> 有些作者在人工培育和自然培育间画下了一道宽阔的分界线；尽管在极端情况下，这道分界线是明显的，但在其他情况下这是硬性规定的；其中差别主要取决于人们应用的是哪一种选择。人工培育是在人类有意识地改良品种的情况下进行的培育……而另一方面，所谓自然培育……则很少在人类有意的选择下进行，更经常是在无意识的选择下进行的；部分是自然选择的结果[17]。

达尔文之所以能够为我们创造出他最为著名的术语"自然选择"，是出于他强调共性而不是人类选择与自然选择之间的对照。在 19 世纪，"选择"指的是我们今天说的"培育"。达尔文的读者们知道，选择涉及人类活动，因此他不需要加上人工二字来特指人类活动。恰恰相反，他必须加上 14 自然二字，为这一术语带来新意。而这一举动是有风险的。他曾这样写道："就某些方面来说，'自然选择'这个术语用得并不好，就好像说的是有意识的选择似的[18]。"但是达尔文觉得这个风险值得一冒，因为他想击毁横亘在人类与自然间的那座壁垒。他写道："［自然选择］这个术语迄今为止效果很好，因为它把人类通过选择能力而创造的家养动植物品种，和在自然状态下天然保存的变异和物种联系起来[19]。"

另一个可能造成混乱的术语是"灭绝"。与进化等同于新物种诞生的想法一致的是，许多人认为，灭绝等同于一个物种的死亡。当某些分类单元如植物的品种或动物的族类正在灭绝时，这一信念就会引起异议。本章将提出进化的一种更为广泛的观点，它指明了摆脱这一混乱的方法。种群居于进化的核心。某些情况下，我们把多个种群汇聚成我们称作"品种"和"物种"的存在。当一个品种或物种的所有种群消失或灭绝的时候，这一品种或物种便灭绝了。和进化一样，灭绝是一个种群过程。所有的物种消失都是灭绝，但并非所有的灭绝都是物种的消失。

达尔文的观点与此非常一致。他强调，物种的归属反映了一个科学家的判定，在品种和物种之间并无明显界线。"我认为，物种是为了方便而对一组十分相像的个体进行硬性规定的术语，"他写道，"它与品种这个术语之间并无本质区别，品种所描述的生物形式不那么明显、波动性更大。同样，与更为个别的变化相比，品种也是为了方便而硬性规定的术语[20]。"从这一想法出发可以得到达尔文的结论：品种（物种也同样如此）"可能会灭绝，也可能会在很长的时期内保持品种这一状态"[21]。

时间证明，达尔文的想法的影响力如此之大，以至于许多人将进化等同于自然选择带来的进化。我们已经在这一等式上看到了一个漏洞，即达尔文认为，除了自然选择以外，进化也可以通过性选择、无意识选择和系统选择进行。我们在此转向另一个漏洞，即把进化局限于任何单一类型的选择作用。

进化可以在没有选择的情况下发生，尤其是在小种群内，这是抽样效应的结果。如果偶然性限制了繁殖，将其局限于某种群内的某非代表性的子种群的个体内（例如仅在职业篮球运动员中），种群的特性将在多个世代中发生变化（下一代个体的平均身高将高于上一代）。选择也将繁殖限制在一个非代表性的子种群内，因此选择与抽样效应之间的差别很微妙。关键在于变异在特性中所起的作用。在进化中，个体子种群因其优势特性而得到繁殖。在抽样效应中，个体子种群因偶然性得到繁殖，与特性无关。（选择和抽样效应也可以在一个种群中同时起作用。）

了解抽样效应有助于我们弄清进化和选择之间的区别。进化牵涉到种群在多个世代内的遗传特性或者基因的改变。这个结果可以由任何机理造成，包括选择和抽样效应。选择的关键理念是，个体的特性影响繁殖。选择包括自然选择、性选择、系统选择和无意识选择。抽样效应的关键理念是：这些效应以同样的几率影响一个种群中的所有个体。如果特性的变异对于繁殖没有影响，选择就不起作用。一切选择在多个世代中影响种群基因构成的情况都是进化，但并非所有进化都因选择发生。

我认为本书遵循了达尔文的传统，这部分解释了为什么我支持达尔文的观点。尽管人们把达尔文与自然选择相联系，但达尔文相信，理解这一过程的最佳途径之一是研究家养动植物中的选择。他就是这样做的，他对此也很高兴。他曾在感到迷茫时写道："我总是发现，尽管我们对于驯化过程中发生的变异的相关知识尚不完备，但它却为我们提供了最好、最可靠的线索。我斗胆表达我对这些研究的崇高价值的信赖，尽管绝大多数自然学家们忽略了这些研究[22]。"我不是达尔文，但我从他的信念中得到了启发：理解进化的最佳途径之一是研究我们本身做了些什么。

16

第三章

狩猎与捕鱼

　　如果我们前往赞比亚的南卢安瓜国家公园和邻近的卢潘德野生动物管理区游览，我们很可能会睁大眼睛密切注意大象。我们可以预期，在每十头大象中有六头有象牙，其余四头没有（图 3.1）。那些熟悉亚洲大象但不熟悉非洲大象的人们或许会给出一个很有道理的解释：该公园中栖息的公象略多于母象。的确，亚洲公象长有长牙而母象没有。但我们中间那些熟悉非洲大象的人会否定这一假设，因为非洲象无论公母都有长牙。历史上几乎所有成年大象都有长牙。无牙状况是遗传的基因特性，这一特性越来越普遍，因此赞比亚大象符合我们有关物种的进化种群的定义[1]。

　　无牙大象说明了本章的一个论点：通过对动物有选择的采收，人类改变了野生物种的种群特性；也就是说，我们推动了它们向某些方向的进化。我们将看到，类似的过程影响了山地、平原和海洋中的其他动物。在大多数这种例子中，人类改变了种群的特性，但没有导致新物种的产生。另一方面，现代北美平原野牛是彻底改变了种群特性的一个例子，所以我们可以认为它演变成了一个新的物种。

这些例子说明了一个重要的方法，要使用这一方法，我们需要拓宽"无意识选择"的概念。正如我们在第二章中看到的那样，达尔文在使用这一术语时指的是**选取**对家畜特性的影响。因为人们保留的是对他们最有价值的动物，所以这一过程通常导致人们所希望的特性的增强。本章将说明，人们有选择地选取了狩猎和捕鱼的方式，这种选取对野生动物种群特性的影响是不可取的。

本章第二个论点：国家政府是进化的推动力之一。通过要求猎人猎取体型较大的大角山羊，加拿大政府创造了一种有利于体型较小动物的可能性。通过描绘政府职能（即政府管理行为的能力）的概念，扩大了"政府是进化的推动力"的理解。如加拿大政府的职能较高，能够通过让猎人猎取大型野生动物而影响进化；赞比亚政府的职能较低，该政府未能有效地控制杀大象取象牙的偷猎者，以这种方式也影响了进化。

赞比亚无牙大象的进化确实引人注目，但并非独一无二。引人注目的地方在于非洲象（拉丁学名 Loxodonta africana）本来因长牙而获益。它们使用象牙掘地寻找水和盐、移动重物，并用剥树皮留下的印迹来划界。自然选择偏向有长牙的大象。但赞比亚大象并不是唯一向更高无牙率进化的物种。1920 年，猎人们在乌干达的伊丽莎白女王国家公园猎杀了 2000 头大象，其中只有 1 头无牙大象，占 0.05%。这头大象因为看上去太独特，被送往大英博物馆，检查它是否患病。1988 年，无牙大象已占种群总比例的 10%。在年龄超过 40 岁的象中，占比高达 2/3[2]。

象群向无牙进化的一个可能原因是选择性捕猎。人们因各种不同原因

17

18

图 3.1 狩猎是大象进化的推动力。狩猎和捕鱼通过压制与支持某些特性改变了
野生动物种群的特性。传统上，成年非洲公象与母象都有长牙。对象牙的采集让
有牙大象的死亡率高居不下。如图的无牙大象曾经是稀有品种，但现在已经很
普遍，原因就在于它们不会被猎人捕杀。无牙现象是一种遗传特性，因此无牙母
本的后代通常也无牙。在一座非洲国家公园里，无牙大象的比例达到了 38%。
照片来自南非克鲁格国家公园。（照片版权 斯考奇·麦克阿斯科尔 经 Wildlife-
StockPictures. com 授权使用）

猎杀非洲象，包括把它们当作食物或者保护农田免遭损害，但过去两百年
来的首要目的是获取象牙。象牙通过各种途径进入雕刻家之手，成为台球
用球、餐具把手或钢琴琴键。非洲象牙贸易与其姊妹贸易——奴隶贸易一
起兴起，将数量惊人的象牙运入世界市场。非洲国家科特迪瓦的名字 Côte
d'Ivoire 即意为象牙海岸，这侧面反映了历史上人们对于这种产品的需求。

选择性捕猎把劣势转化成了优势，反之亦然。在没有人类捕猎的情况下，有长牙是一项优势而无长牙是一项劣势。海量捕猎象牙转换了两者的角色。从活着的野象身上砍下牙齿无异于杀死这头野象，于是捕猎象牙的猎人便采取了更安全的方式：杀象取牙。大象的数量急剧下降，20 世纪的自然资源保护主义者进行了多次努力，通过建立国家公园与禁止捕猎来拯救这一物种。但贫穷、监管松弛和全球需求成为燎原之势，让非洲的偷猎方兴未艾，甚至连保护区也无法幸免。偷猎者要的只是大象身上的长牙，他们通常任由大象尸体腐烂或者成为食腐动物的食物。无牙，这种曾经稀有的遗传特性，变得远比过去普遍，因为这一特性的优势压倒了劣势。无牙大象通常可以生存、繁殖；而有长牙的大象则常常无法做到这一点[3]。

捕猎行为与政府职能在加拿大艾伯达省公羊山的进化中也扮演了重要角色。从这座山的名字可以猜到，大角山羊的公羊（当然也有母羊）栖息在这座山上。这也是猎人们喜欢光顾的一块乐土。对于战利品大角公羊的需求增长极为迅猛，这让猎人们甘愿花费数十万加元在拍卖会上求购准猎 19 证。有人曾斥资一百多万加元购买 1998 年与 1999 年的特别许可证。

猎人偏爱与政府规定两者结合，让人们对公羊的选择性捕猎建立在羚羊角的尺寸上。猎取战利品羊的猎人偏好有大角的公羊，而政府的狩猎规定限制猎人只能捕猎角长超过最小尺寸的公羊。在 1975 年到 2002 年之间，猎人们在公羊山上平均猎杀了 40% 的公羊。这个猎杀率成为很强大的进化推动力。有大角的公羊时常死于非命，而那些短角公羊则常常得以幸存。公羊从它们的父亲那里继承了角的尺寸，于是我们可以预测结果：公羊角的尺寸随着小角公羊获得选择优势而变小。而且，由于角长越长，公羊的体型越大，于是公羊体型的平均尺寸也变小了[4]。

我们可以从大角羚羊和非洲象的进化中梳理出几条经验教训。首先，狩猎的讽刺：猎人通过有选择的捕杀具有他们想要的有特性的个体，反而降低了他们孜孜以求的物品的产出量，比如象牙或大角公羊。狩猎给目标物种带来的负面影响大多集中在狩猎造成的生态冲击（即对物种尺寸的影响），导致政府对于猎人与渔民限定尺寸标准。对单个猎人的捕获量进行限制，鼓励了更多的猎人捕猎公羊。非洲和加拿大的例子说明，第一，捕猎在影响野生动物生态的同时影响它们的进化。在一座40%大体型公羊遭到捕猎的大山里，与身躯较大的同代个体相比，角小的成年公羊有更大的机会存活，有机会把它们的基因传给下一代。

第二，政府的影响及其推动进化的力量。通过影响个人，政府间接地重塑了其他物种的基因库。加拿大的例子说明了强势政府的影响。政府强制规定猎人猎杀有较大角的公羊，而不是角较小的公羊。如果这些法规实施不力，猎人或许就会射杀所有公羊，不论其尺寸（这就是该项规定的基本原理），这就降低了对小角的选择。（捕猎仍然会影响生态，因为它影响种群的大小。）与此对照，赞比亚的例子则证明了弱势政府的影响。因为未能控制偷猎，政府允许猎人有选择性地捕猎有长牙的大象。一个有能力并愿意强制实施野生动物法规的政府会把偷猎降到最低水平，并减少选择性方面的影响。

20

第三，特性和间接进化影响之间关系的重要性。捕猎公羊的猎人想把公羊的颈项、头和角悬挂在房间的墙上，但却不需要公羊的身体。但大角生在体型较大的公羊头上，所以针对大角而来的选择也针对大的体型，导致公羊山上羊的平均尺寸变小了。所以，即使人们有意追求生物体的某种特性，他们却在无意间选择了其他特性，因为选择是作用在整个生物体身上的，而且特性之间（诸如身体的尺寸与角的尺寸）经常是相关的。

如果从加拿大沿着落基山的山脊向南旅行，来到世界上第一个国家公园——黄石国家公园，我们就会看到人为进化最富戏剧性的例子之一。管理该公园的美国国家公园管理局的徽章把本书的两个关键要素结合到了一起。徽章的形状体现了一个石制箭头或者矛头的轮廓，这意味着人类的存在；野牛轮廓则靠近底座。

当人类从亚洲迁移到北美洲时，他们发现了一种今天已经绝迹了的庞大生物——巨型长角野牛（学名古野牛）。根据发掘出来的古野牛骨骼上还留着石制矛尖，可以推断早期美洲人猎取这种生物。根据尖锐器物的种类推断它们生活的年代距今一万三千年前，在人类首次迁移至美洲大陆南部与东部后不久。这些早期的美洲人以各种植物与动物为食，但从营地遗留物来看，他们对于巨型长角野牛情有独钟。古野牛是他们偏爱的猎物，这可能是因为打下一头野牛就可以填饱许多人的肚子[5]。

因巨角得名的古野牛透露了它们生活方式的许多重要信息。头上带有庞大武器的动物通常单独或小群生活。大规模群居动物头上的角通常比较小[6]。角和多叉角在许多方面都有利于雄性动物。动物使用它们头上的利刃与其他同类搏斗，增加博取潜在伴侣的胜算；它们也用这些利刃保护自己，免遭天敌残害。角的化石显示，巨型长角野牛利用它们向外伸展的长角刺穿自己的对手。与角较短的个体相比，角较长的个体更有可能躲避对手的尖刃并插上致命一刀。雌性动物或许更愿意与竞赛中的获胜者交配而不是跟失利者，原因可能是它们喜欢看到雄性动物那种胜利的形象，也可能是它们喜欢这些雄性动物能够保护疆域不让其他竞争者入侵[7]。

几千年来，巨型长角野牛都因为它们这样的体型而获益，但它们身材的缩小和形体的改变始于大约一万二千年前。这个时间是一个重要的线索。几万年来，只有两种主要捕食者在捕猎巨型长角野牛——狼和狮子。如果它们造成了这一现象，那么该现象的发生应该早得多。一万二千到一万三

21

千前，野牛的环境发生的重大变化源于一种新捕食者的到来。这种捕食者双足行走，群策群力合作捕猎，而且携带着石制尖头设计精良的长矛。他们在捕猎中效率惊人，这似乎也降低了其他大型哺乳动物的身体尺寸。在过去一万年中，北美绵羊、麋鹿、驼鹿、麝牛、熊、羚羊和狼的体型全都有所减小[8]。

对于这些改变，学者们提出了形形色色的解释，其中有可能的是，这些新的捕猎者把巨型长角野牛的体型和习性从优势变成了劣势。像狼，或者用长矛武装起来的人类，这些需要逼近猎物的捕猎者倾向攻击单个的个体，而不是同时进攻多个猎物。这让那些喜好孤独、固守疆域的巨型野牛遭殃，而让那些多个个体一起生活的巨型长角野牛免遭杀害。聚集在一起的野牛越来越常见，它们甚至成长为大的群体。

群居是对强大捕食者的典型反应。它为群居成员带来了数量上的优势，因为集群越大，捕食者对付任何单一成员的可能性就越小。通过合作，野兽的群居进一步改善了成员的生存机会，它们可以共同努力击退捕食者，例如，它们可以围成一团，把防护力较低的臀部护在中央，用有威胁力的角对着对手。

但野牛也因为群居付出了代价。在某一固定区域，随着受到袭击的可能性增加，单个成员所能获得的食物减少了。或许因为野牛群居减少了可以得到的食物量，因此它们的体型缩小了。同样地，群居也让野牛的外部形状发生了变化。现在，野牛的生存取决于迅速取得主要食物——青草的能力。让头部变得更接近地面、降低角的尺寸、长出肉峰以支持头部重量，这些能让野牛长时间轻松地吃草。雄性野牛用以保卫疆界的巨型牛角或许也变成了劣势，因为野牛群更倾向紧密抱团[9]。

总的来说，人类的狩猎或许创造了新的物种。通过鼓励群居压制独行的选择，猎人或许改造了巨型长角野牛（古野牛），创造了短角拱背野牛（美洲野牛）。本书的大部分篇幅将重点关注人类在物种内影响特性进化的方式，但在上述例子中，人类如此强烈地影响了某一物种的特性，以至于该物种的后代变成了我们知道的另一个物种。

迄今为止我们已经强调了无意识选择。但人类也可能通过鼓励另一类选择来改变野牛。雄性野牛的身体前端长出了引人注目的长毛裤状物，而大角野牛没有这种现象。裤状物似乎并不会增加生存几率，因此人们不清楚为什么自然选择会鼓励这种进化。这一特性或许是偶然发生并遗传下去。有些研究者认为，这种进化的发生或许是交配的选择。

与长相单调的雄性野牛相比，雌性野牛或许会更倾向于选择有裤状物的雄性野牛交配。如果这一情况属实，这将是性选择的一个例子。自然选择是通过增加或减少生存率（因而也影响繁殖）起作用的。性选择则是通过增加或减少寻找性伴侣的能力（因而也影响繁殖）起作用的。为什么雌性野牛偏爱裤状物？许多动物的雌性个体也偏爱那些有着艳丽外表的雄性。生物学家提出了各种假说来解释这一现象，其中包括良好基因假说。该假说认为，雄性动物需要花费大量热量才能取得艳丽的外表，所以只有强壮健康的雄性才有能力做到这一点。病弱的、有寄生虫病的动物要死撑面子不是件容易的事情。当野牛开始群居的时候，病原体和寄生虫更容易在个体之间传染。因此，裤状物或许是免疫系统健康强壮的可见标志。与外表艳丽的雄性动物交配后，雌性动物产下的后代或许会比与外表单调的雄性动物交配而产下的后代更容易生存和繁殖，这就鼓励了作为群居副作用的特性的传播，这也是人类狩猎的副产品[10]。

野牛和其他动物通过缩小体型或者群居来适应狩猎，而其他物种则面临着不同的进化命运：灭绝。在最后一次冰河时期末期或者说距今大约一万二千年前，一批大型哺乳动物在北美消失了，其中包括长毛猛犸象和乳齿象。针对这些灭绝现象出现了两种主要解释。一种归咎于气候变化，因为当时气候急剧变暖是毫无疑义的事实。另一种解释归咎于人类的狩猎，人们称之为"更新世过度猎杀"。还有一种说法叫做"黑洞假说"，意思是这些动物消失在人类上下颚之间形成的黑洞之中[11]。

有三点原因让我认为黑洞假说比气候改变假说更可信。首先，这些物种在早先的变暖与变冷时期并没有消亡，这启发我们寻找一个仅在这一时期出现的因素。最为明显的变化是来自亚洲的人类迁徙。第二，大规模死亡现象并没有在同一时期的世界其他地区发生，那些地区也同样经历了气候变化。第三，在其他大洲的其他时期，大规模死亡现象也发生在人类首先抵达之后不久[12]。

野牛并未在更新世中灭绝，因为它们进化成了一个新物种，具有不同的特性；但在 19 世纪，当另一种新型人类到来时，他们几乎将这一物种送进了埋葬着剑齿象和乳齿象的同一坟场。这批新来的人类把群居由优势转变成了劣势。在不到一百年的时间内，猎人猎杀野牛的效率如此惊人，以至于让北美大平原上 2800 万—3000 万头的野牛数量锐减至 1890 年的大约 1000 头[13]。通过采用两大技术成功实现的残酷的杀戮效率。一是步枪，它让适应早先狩猎模式的群居成了劣势。像野牛杀手比尔·科迪那样的野牛狩猎者，一枪接一枪地向野牛群开火，野牛群分崩离析，当场惨死。而独行的个体反而不那么容易被跟踪、猎杀。

二是铁路，它使大批人群更快地到达野牛的所在地。有些猎人甚至在舒适的火车车厢里隔着窗户射杀野牛。铁路能够有效地把几种野牛产品例如牛皮（用来做袍子）和舌头（作为美食）运往东方市场，因此铁路事实上扮演了更为重要的角色。它能把农产品运往东方市场，也就使野牛的栖息地从草地变为牧场。狩猎和栖息地破坏都导致了野牛的大规模死亡，但程度孰高孰低难以测量。狩猎显然影响巨大[14]。

庞大兽群分崩离析，变成三五个孤立个体的小团体，这为抽样效应进入野牛的生活开辟了道路。有一种抽样效应被称为奠基者效应，我喜欢把它描述为一种种群遗传的瓶颈。据估算，在北美大平原上有 2800 万—3000 万野牛在游荡，它们会携带大量变异基因和特性基因。但当人们从这 2800 万—3000 万野牛中随机选取 1000 个个体，这个样本（约为亲本总体的 0.003%）不会拥有所有 2800 万—3000 万野牛携带的全部基因。只有那 1000 头野牛的基因会幸存。因此它们的后代——今天黄石国家公园内的野牛群的奠基者——仅仅继承了它们祖先所有基因集合的一个子集。有些基因消失了，也就是今天的野牛群的特征与它们的祖先群体的基因并不完全相同，这意味着野牛群进化了。所以，奠基者效应指的就是因为后代种群来自于祖先种群的一个非代表性的小型个体样品并成为后代种群的基础，由此出现的祖先种群和后代种群之间的特性差异。这可能会导致进化在短短几代之内迅速发生。

奠基者效应同样作用于非洲象的进化。1931 年，南非建立了阿多大象国家公园，保护在东开普省的捕猎中幸免于难的 11 头大象。从那时起，没有其他大象迁徙进入该公园，这就等同于在那里创立了一座基因荒岛，如同把公园直接丢上一座远离海岸的环礁。这群大象的数目在 2000 年达到了 324 头，全部都是原来那 11 头大象的后代。

我们可以看到奠基者效应对无牙大象的比例增加速率的影响。在 8 头雌性奠基者中有 4—5 头是无牙的（这一高比率或许是选择性象牙猎取造成的结果），因此单单是奠基者效应本身就很有可能产生今天 50% 的无牙率，这一比率甚至高于近来饱受偷猎困扰的一座非洲国家公园的 38% 的比率。

阿多大象国家公园的无牙率的确很高。在过去四分之一世纪。公园保护了象群不受狩猎与偷猎的干扰，因此获取象牙造成的选择影响微乎其微[15]。

但还有其他的因素在起作用，因为无牙母象的比率为 98%，而不是 50%。这一因素或许是遗传漂变的抽样效应。这一效应指的是随着时间的进程，在没有选择的情况下，基因频率和特性发生随机变化的倾向。漂变在小种群中更易发生，因为影响少数个体的随机事件对于整个种群具有较大的影响。在这种情况下，如果三或四头有长牙的母象祖先中正好有两头没有生育，而且如果这一情况连续几年发生，无牙象的比例就会迅速增加。通过创建一座只有几个奠基者的基因孤岛，南非人似乎开始创造几乎全部母象种群都无牙的基因漂变[16]。

世界人口增长所面对的主要问题之一是渔业的崩溃。对于生物自然资源（鱼类、鸟类和树木等）崩溃的普遍解释是人为杀戮和栖息地遭到破坏。联合国粮农组织 1996 年关于全球渔业的一项报告认为，全球渔业的
25 35% 在暴跌，另外 25% 已经"成熟"，意思是捕获量停止增长并可能会下跌。这一报告将此归咎于过分捕捞与繁殖区的破坏。基于该报告对上述生态冲击（即对种群大小和栖息地的影响）的强调，建议限制渔船数量与吨位 [17]。

进化史不但能从生态方面修订这一解释，也能够通过证明人类对鱼类进化的影响来修订这一解释。环境历史学家约瑟夫·泰勒在有关美洲太平洋西北部鲑鱼的研究中认为，鱼苗孵化站把鲑鱼种群推向了"新的进化途径"。孵化的鱼苗群集在一起，带有较少的基因变异，而且尺寸小于野生鱼。这些因素的结合增加了死亡率。堤坝上的鱼道增强了这一趋势。由于鱼道对较大鲑鱼的伤害大于较小些的鲑鱼，因此鱼道偏向选择较小、成熟较快的鱼[18]。

泰勒的研究强调了人类对溪流和江河中鱼类的影响。我们可以进一步推广渔业生物学家的分析，证明人为选择也会降低水产量。从 1950 年至 1990 年，产卵鲑鱼的尺寸减小了 30%。在没有人类干扰的情况下，自然选择偏爱大鱼。鲑鱼在孵化后游向大海，回到它们出生的水流中，然后产卵或者给卵授精。相比小鱼，大鱼在逆流而上与争夺产卵地方面更强，这是它们的选择优势。大洋网改变了这一优势。通过捕捉高达 80% 的回程鲑鱼，大洋网对大鱼不利，而对能够穿过网眼的小鱼有利。与大鱼相比，小鱼的后代数量较小，尺寸也较小，进一步降低了下一代鲑鱼的数量和尺寸。在捕捉到的鱼数目一样的情况下，较小的鱼意味着较低的吨位（通常用于计量渔业收成的商业单位）[19]。

尺寸选择还有另一种压低捕获量的方式：鼓励或压制某种行为的选择。传统情况下，鲑鱼出海 18 个月是一种良好的策略，因为这会让它们的尺寸比呆在家里的鲑鱼更大。但有些鲑鱼（人们称之为"狗鱼"）却比正常情况早回来一年，还有一些（人们称之为"幼鲑"）则完全不出海。在争夺产卵地和交配方面，狗鱼和幼鲑在与大鱼的竞争中占劣势。但通过捕捉进入海洋的鲑鱼，渔民改变了这种竞争形势。大洋网压制那些出海后身体较大的鱼。尽管与大鱼相比，它们产下的后代数量较少，身材较小，但现在，狗鱼和幼鲑跟出海的传统鲑鱼在繁殖上机会相当，出海的鲑鱼的数量和尺寸都在下降[20]。 26

当我们在其他地方发现了类似的情况时，对于修正大家广泛接受的观点就变得更有说服力了。北美淡水湖中的白鲑鱼曾经是商业捕鱼业的重要部分。但从 1941 年到 1965 年，渔业崩溃时，白鲑鱼的平均尺寸减小了。在 20 世纪 40 年代，9 岁白鲑鱼的平均重量是 2 公斤。到了 20 世纪 70 年代，它们的平均重量减小到了 1 公斤。观察家们将尺寸减小归咎于捕捞较为年长、尺寸较大的鱼，但这也是白鲑鱼的遗传构成了改变的结果。1970年，幼鱼的生长速度与1940年相当，但成年鱼的生长速度就慢了。在20世纪50年代，渔网捕捞的是不小于2岁的鱼。而在20世纪70年代，渔网捕捞的是不小于7岁的鱼。渔网上5.5英寸的网眼创造了一个尺寸上限，超过这一尺寸的鱼，生长条件极为恶劣。类似地，在沉重的捕捞压力下，大西洋鳕鱼（拉丁学名 Gadus morbua）种群的平均尺寸也在减小[21]。

在鱼类数量加速下降之后，对过度捕捞的适应减慢了鱼类资源的恢复。一旦过度捕捞得到缓解，某些商业渔业的恢复要比渔业经理的预期速度慢。进化至少可以部分解释这一现象。一个原因是，适应需要时间。自然选择需要多代才能奏效，而许多商业用鱼的一代历时较长，因此种群对于新环境的适应可能会很慢。在这种情况下，对大鱼有利的自然选择似乎需要好多年才能逆转对小鱼有利的过度捕捞的结果[22]。

另一个原因是尺寸选择对抑制种群生长的其他特性的影响。尽管选择可能会因为一种单一特性而偏向某个个体，但它是作用于整个生物群体的。被选择特性的关联特性与前者一起进入了下一代。对大西洋银汉鱼（拉丁学名 Menidia menidia）所做的实验发现，受过度捕捞大鱼影响的种群在"繁殖能力、卵的体积、孵化的幼鱼大小、幼鱼生存能力、幼鱼生长速度、食物消耗率和转换效率、脊骨数量和嗜食性"上都有下降。所有这些特性都降低了种群从低数量迅速回弹的能力[23]。

渔业让我们有机会看到，在其他物种种群中发生的人为进化是怎样反过来来影响人类经历的。几个世纪以来，北大西洋鳕鱼以高生殖能力著称，因此遭到过度捕捞，但在第二次世界大战后，其捕获量随着拖网渔船的到来出现峰值。加拿大近海的鳕鱼种群平均尺寸有所减小，或许是因为进化以及较老的鱼被捕杀。在20世纪80年代，渔民们对此的对策是非法使用网眼较小的渔网。这一对策加速了渔业的崩溃，致使加拿大政府在 1992 年于万般无奈之下宣布了一项暂停捕鱼令。但渔业资源并未出现所期望的回升，于是政府在 2003 年完全禁止了捕捞[24]。

20 世纪 80 年代末开始，捕鱼量暴跌在纽芬兰渔村引发了一系列社会影响，这些影响随 1992 年的禁渔令加速扩大。失业率上升，在某处海岬竟高达 43%；随之而来的是各方面的压力。比以往更多的年轻人离开村庄，留下老年人和孩子留守。没有离开的年轻人留校学习而不就业的时间比父母更长。渔民转而捕捉更杂散的物种，特别是无脊椎动物，如虾和扇贝。但技术密集型的无脊椎动物捕捞能够提供的就业机会不如鳕鱼捕捞，因此就业前景依然黯淡[25]。

一些生物学家提出，受到进化思想启迪的渔业政策或许会降低未来的崩溃风险。如果选择不抑制我们想要的特性（如鱼的大尺寸），而选择鼓励呢？一项有关大西洋银汉鱼的研究正在验证这一想法。研究人员选取了一个银汉鱼种群，用鱼缸把它们分为六个小种群。通过捕捞其中最大的 90% 的个体，对其中的两个种群进行了抑制较大尺寸的选择。（模拟渔民们通常实施的选择方向。）通过捕捞最小的 90% 个体的方法，他们对另外的两个种群进行了鼓励大尺寸的选择。对余下的两个种群，它们采取不考虑尺寸的随机捕捞的方法，捕捞 90% 的个体。他们以同一方式对四代银汉鱼进行了重复实验[26]。

实验结果是可以预测的，也是戏剧性的。说它可以预测，是因为鱼的进化方向与我们的预期相同。在选择通过捕捞大鱼抑制大尺寸的种群中，所获个体的平均尺寸和总重量逐代下跌。在选择通过捕捞小鱼而偏向大尺寸的种群中，鱼的尺寸变大了。在没有进行尺寸选择的种群中，鱼的大小保持不变。说这些结果戏剧性，是因为分化的速度和程度。仅四代之后，

28 在选择了鼓励大鱼种群中，鱼的大小已经是选择了抑制大鱼种群中的鱼的两倍。原因并不是大鱼生下的后代数量更大，而是它们的后代生长得更快[27]。

许多人或许会觉得这些结果令人吃惊。似乎捕捞大鱼会使收获更大才合乎逻辑。对于第一代来说，情况确实如此，但长远地说，捕捉大鱼会导致收获更少。如果用商业用语重新表述，更容易看清这一想法的现实重要性了。如果把这些实验者想象为渔民，打捞起来的鱼就是他们的捕捞物，而实验中的种群就是海里的鱼（在这种情况下是银汉鱼，它们一代历时一年）。如果在海中出现了与实验同样的情况，四年后那些持续捕捞一个种群中较小的 90% 的鱼的渔民的捕获量，将是持续捕捞另一个种群中较大的 90% 的鱼的渔民的两倍。

鲑鱼、鳕鱼和银汉鱼绝非特例。2007 年，一项有关鱼、无脊椎动物和陆生脊椎动物的研究发现，人类的狩猎和捕鱼已经在 108—136 种野生物种的种群中进行了尺寸的选择。大部分情况下，这些行为选择抑制了人们想要的特性，通常是动物的大体型。受进化观点的启迪，可以通过强迫猎人和渔民只捕捉中小尺寸的个体，而让最大的个体自由繁殖来逆转这一影响[28]。

我们可以从野牛、乳齿象、大象和鱼身上得出几项教训。首先，人类将生物体的一些种群改变得如此彻底，以至于人今天可以把它们当作与它们祖先不同的物种。对于野牛来说，选择是以狩猎的形式进行的。第二，倒行逆施，通过灭绝个体来使物种绝迹。因此，可以说人类在进化推动力中扮演了上帝的角色。第三，长期以来人类就是进化的推动力。我们已经在多达一万二千年的时间中改变了野牛，同样地还有北美羚羊、麋鹿、驼鹿、麝牛、熊、羚羊和狼。第四，技术是人工进化中的一个重要变量，它能够强烈地影响生存。步枪和铁路的出现加速了北美大平原上数百万野牛的厄运。第五，让种群锐减至很小的尺寸鼓励了奠基者效应和遗传漂变带来的进化。第六，重度选择可能已经在渔业暴跌中起了作用，并延缓了捕鱼压力解除后的复苏速度，而渔业却本是世界不断增长的人口的重要食物来源。第七，进化史为政策制定者提供了有用的经验与教训。我们做出的选择正在影响其他物种种群的进化。进化史能够帮助我们理解为什么人们过去会做出某些选择，以及那些选择带来的影响。通过联系社会与生物两方面，它有助于政策制定者看清不同选择在未来带来的价值。就渔业管理问题来说，现有证据说明，当前政策取得的效果完全与初衷相反。如一些生物学家建议的那样，把进化纳入考虑范畴可能会逆转一些政策制定，因为原有政策会令我们在其他物种中最渴望的特性完全消失。

猎人和渔民并不是唯一鼓励所捕杀的物种种群中不受欢迎特性的人。我们将在下一章中看到，灭绝者也是如此。

第四章

灭绝

　　早上我总会跟一条叫赖利的狗一起跑步。我们有着明确的分工：它排便，我打扫。赖利非常认真地扮演它的角色。它一天中最为重要的决定似乎就是在什么地方排泄，它非常专注地嗅来嗅去，准确地找出它认为最合适的地点，然后完成这项工作，同时还撕扯着大团大团的青草，想要让人注意到这一重大行动。然后我就赶紧在手上套上一个塑料袋，拾起狗屎，扎起口袋，接着把这团圣犬黄金扔进垃圾箱，完全破坏它的成就。我试图让手和排泄物的接触降低到最小，但塑料袋上的裂缝（它们原来是装报纸或者蔬菜水果的）还是让这个想法失败。狗的粪便能够传播一些十分有害的病菌，比如引起人类肠胃炎的沙门氏菌。因此我回家后用肥皂洗手。这或许会引起某些细菌的进化，令其形成细菌菌株，能对抗菌肥皂中一种叫做三氯生的化学剂产生抵抗力[1]。

洗手，这不过是人类事业更加推动进化的一个例子而已，这一事业就是努力灭绝生物体。尽管猎人和渔民也捕杀动物，但他们喜欢让那些目标物种生活在他们周围，而且越多越好。灭绝者对于他们的任务有着相反的感情。灭绝这个词有各种意思。我在这里用这个词指某物种在某地的完全消灭。其范围从个人（试图清除我自己手上的病原体）到局部（试图在一所房子内消灭老鼠）到地区（试图在美国南部消灭棉铃象鼻虫）到全球（试图从地球上灭绝疟疾）。

本章的论点：灭绝这一工作已经使目标物种种群的进化强制改变。本章将社会力视为推动进化的动力，包括广告、牟取利润、镇压政治叛乱、贩毒和战争。本章通过回顾一些特定例子来总结有关物种对人类活动的适应性的一些广泛教训。本章最重要的观点是，某些物种的特性使它们能够更快地进化，所以它们在人类影响下比其他物种的生存几率更高。巧的是，人类往往喜欢那些在适应人类世界方面最为艰难的物种，通常不喜欢那些容易适应的物种。因此，如果随心所欲地重塑世界，我们就会让那些我们不喜欢的物种享有优势，让它们在将来陪伴我们。

多年来，我们家中的肥皂一直含有三氯生的抗菌成分。我们在给女儿换尿布的时候开始使用抗菌肥皂，在孩子长大些之后还继续使用，因为很难找到不含这一成分的洗手液。当我们有了一条狗又要像养孩子一样开始处理粪便，抗菌肥皂似乎又成了必需品。我们所使用的肥皂的品牌制造商在官网上称，他们的肥皂"经临床证实，能够灭除家庭中99%可接触到的细菌，能为你和家人提供抗菌保护"[2]。

听上去真不错，对吧？但请注意那讨厌的1%，100个细菌细胞中的1个。我整天都必须与100个个体中的1个相遇，而细菌菌落中含有数百万的个体。在任何地方发现的细菌种群都存在变种。我相信，我的手上也一

31

定窝藏着超大型的变种。在我所在的大学里学习的有来自一百多个国家和美国大多数州的学生。八月入校和一月假期结束返校时，来自家乡和度假地的细菌也随之而至。学生们把细菌留在门把手、手扶栏杆、硬币以及计算机终端上。而我也在使用那些，我一定从它们那里沾染了来自美国每一个州以及亚洲、非洲、南美、澳大利亚和欧洲的细菌。（几乎没有学生来自南极洲。）公正地说，这种情况也是双向的。当我出去旅行时，我也把细菌留在我去过的地方。

我的手上带有能让细菌进化，产生对三氯生的抵抗力的一切要素。我的手为细菌提供了一种宾至如归的环境，因为我用手拾起狗粪并接触其他人触碰过的东西。这些细菌肯定带有多种遗传特性。时常洗手可能会让那些对三氯生有抗性的菌株产生选择优势，它们会随时间繁殖。我不知道这种情况有没有发生，但实验提示我们，这种情况可能已经发生了。许多细菌在实验室里进化，产生了对三氯生的抗体，其中包括大肠杆菌（这种细菌的菌株能引起严重的肠道疾病）、肠道沙门氏菌（这种细菌的菌株能引起沙门氏中毒和伤寒）、绿脓杆菌（这种细菌的菌株能引起肠胃炎和尿道感染）和金黄色葡萄球菌（是引起葡萄球菌感染的最常见原因）的种群[3]。

现在我们还在使用抗菌肥皂，但我估计，随着时间的推移，这种肥皂将因细菌产生抵抗力而失去作用。但我看不到什么大的危害——这种肥皂还有肥皂的功能，能帮助我们洗去细菌。但事实证明，我可能正在下一个更大的赌注。让细菌对三氯生产生抵抗力可能也会让它们对抗生素产生抵抗力。正如战壕可以同时保护士兵免遭子弹与炸弹袭击一样，细菌的抗性可以抵抗不止一种武器。保护细菌免遭三氯生打击的特性——诸如不渗透性、摆脱有毒化合物的泵浦、令毒素失效的酶等——也能对抗生素起作用。对三氯生产生抵抗力的细菌菌株能在一些我们拥有的效果最好的抗生素打击下存活，比如四环素、氯霉素、红霉素、阿莫西林、环丙沙星和氨卡青霉素[4]。

我可能已经在无意识中鼓励了我手上对抗生素产生抵抗力的细菌。我可能已经在为女儿做饭时把这些菌株传给了她们，她们可能因此生病。当她们的儿科医生为她们开抗生素的时候可能会选择阿莫西林。因为对三氯生的抵抗力也可以用于对抗阿莫西林，所以这种抗生素可能不起作用。所以我女儿蒙受痛苦的时间可能会不必要地延长，直到那位儿科医生开了另一种该病原体还没有产生抵抗力的抗生素。

你或许也在进行类似的实验。75%的美国人的尿液中显示有三氯生的存在。（这些三氯生并非一定来自肥皂。牙膏、漱口液、去味剂、玩具和塑料厨房用品的制造厂商也在这些物品中加入了三氯生。）人体内的三氯生浓度随收入增加，或许是因为更富有的人消费更高，而且消费的产品也更昂贵。人体内的三氯生浓度也随年龄变化。三氯生的浓度在6—29岁间加速升高，然后在年龄较长的人中间浓度降低。我们的身体是细菌赖以生存的环境，而我们消费的产品影响这一环境，因此我们每个人都是一个迷你的进化实验室。可能越是富有，就越可能带有对三氯生有抵抗力的细菌[5]。

在我们家，我们试图通过换用不含抗菌成分的肥皂来结束我们的小型进化实验。一篇经过同行评议的研究报告证明，抗菌肥皂在消除手上细菌上并不比普通肥皂更有效。即使在藏污纳垢的城市中，用三氯生洗手也并不比用普通肥皂更能预防疾病。因此，据我所知，三氯生肥皂并没有给我们带来任何益处，但它确实带来风险。虽然很难找到不带三氯生的液体肥皂，但在妻子孜孜不倦的努力下最后还是找到了一些。我很愿意这样想：我们或许已经通过延缓抗生素抗体的进化，为改进公众健康贡献了我们微小的力量[6]。

33

　　这个例子显示了营利动机和广告在推动进化方面的能力。制造厂商为产品做广告来增加销售从而提高利润。营利是为了推动经济，这并不令人惊讶。但广告能够刺激消费者采取他们在没有广告时不会采取的行动，从而影响进化。在这种情况下，肥皂公司给人们留下了这样的印象：抗菌肥皂能够提供超出普通肥皂的保护能力。否则，为加入的抗菌成分花钱就失去意义了。

　　这些广告也给人们这样的印象：临床试验（即牵涉到病人的研究）已经证明，这种肥皂能够保护家庭成员，让他们几乎不受一切细菌的侵袭；人们也会把各种感染包括进去。如果没有这样的期待我们就不会购买这种肥皂。但如果仔细阅读商品标签，你会发现，商家让人们存有这样的期待，但却并没有实实在在地宣称他们的肥皂能够防止感染；这种高超的手法，我认为只有敏锐的律师和广告天才有能力掌握。

　　为隔离研究广告作为进化的推动力，我们需要证明，广告的效果与其他传递信息的方式不同。要做到这一点很容易，因为广告说服我们去使用肥皂，而经同行评议过的科学发表物中有关细菌抵抗力的说明则说服我们不要再用。当然，我的搜索也可能漏掉了证明肥皂对家庭健康有益的研究；如果真是如此，也可能有经过同行评议的研究说服我们使用这种肥皂。因此我给这商家写信，询问他们是否有支持他们宣传的研究。商家回信，信中列举了该种肥皂能够杀死的五种病原体，但并没有给出研究的出处或解释。我的第二次询问得到了相同的结果[7]。就这样，这次诚恳努力所得到的结果是广告给予的信息和其他媒体给予的信息之间存在差别，而这一差别在某种意义上影响了对进化产生影响的潜在行为。

　　现在让我们略微拓宽范围，但还继续留在个人范畴之内。肥皂制造厂商把我们的注意力引向五种能够引起疾病的细菌。但我手上的细菌并不仅仅局限于这五种。研究人员抽样提取了 51 位大学生手上的样品，然后他们发现，平均每人手上寄居着 150 种细菌物种。因此，当我洗左手的时候，34 我可能就对这家公司提到的 5 种细菌以及另外 145 种细菌种群的三氯生抵抗力提供了选择优势。同时洗右手让细菌总数变得更高。同一个人左手与右手上的细菌物种数目因人而异，在一只手上的物种中，只有 17% 会出现在另一只手上。这就是大约 25 个共同的物种。所以，洗右手或许会增加 125 个种群对三氯生抵抗力的选择优势；换句话说，单是在我的两只手上就有 275 个细菌物种的种群[8]。

当我们把更多人带进这个圈子的时候，进行的进化实验数目飞涨。参与研究的 51 名大学生的手上寄居了 4742 个细菌物种，其中仅有 5% 的物种出现在所有人的手上。所以，每个人的每只手都是一个生存于一个独特环境下的细菌培养皿，它或许对某些特性的选择高于其他的特性。尽管研究人员没有比较物种内的不同细菌菌株，但他们确实发现了物种上的差别，这似乎是环境不同造成的结果。女人手上寄居的细菌多于男人，或许是由于手上皮肤呈酸性的男人数量比女人多。两性之间在汗和油的产出量、润湿剂和化妆品的使用、皮肤的厚度以及荷尔蒙水平上也有差别，这些差别中的任何一种都可能起作用[9]。

我们可以通过死者身上的病原体来测定人为进化的重要性。据美国一项研究估计，从 1999 年至 2002 年，医院发生的细菌感染中有 6% 对药物有抵抗力。在中国，从 1999 年至 2001 年，医院发生的细菌感染中有 41% 对药物有抵抗力[10]；而在越南，1999 年患有呼吸道感染的儿童中 74% 受到对抗生素有抵抗力的细菌感染[11]。当与医院的生态（这种生态鼓励感染的扩散）结合之后，这些菌株变成了高效的死亡之神。据一份研究估计，单单 2002 年一年，美国医院中受感染的病人有 170 万例，其中 98787 人因此丧命；这就是说，几乎有 10 万名去医院看病的人在医院中受到了新的感染，并因此死亡[12]。

由于类似的过程，每年因疟疾罹难的人有数百万。第二次世界大战后，人们在全球范围内开展了一项依靠杀虫剂，例如可以杀死携带疟原虫的蚊子的滴滴涕（DDT，二氯二苯三氯乙烷）与抗疟疾药物（例如能够抑制疟原虫在人体内繁殖的阿的平和奎宁）的项目。据估计，这一项目拯救了35 1500 万—2500 万条生命，但当一些情况出现，特别是蚊子和疟原虫种群进化，对不同毒素有了抵抗力之后，这一项目受到了挫折。由于无法达到目的，世界卫生组织在 20 世纪 70 年代初停止了这一项目。到 2000 年，疟疾每年大约令 200 万人丧生[13]。

我们也可以通过财产损失记录来测量病原体的人为进化带来的影响。到 2000 年，结核菌感染了三分之一的人类，每年让 300 万人死于非命。新病例中 11% 是感染了对主要药物有抵抗力的结核菌菌株。作为最后手段的药物花费高于首选药物。对于其他病原体也有类似情况。病原体对抗生素的抵抗力让美国人每年总共付出 300 亿美元[14]。

现在让我们搭乘一架飞机飞往哥伦比亚，去看看灭绝的植物带来了些什么。当我们在遥远的山脉上空飞行时，我们或许可以一窥美国与哥伦比亚联合进行以对抗两大敌人的项目。一是古柯业，它为进入美国人的鼻子、肺和血管中的可卡因提供了原材料。美国多年来的目标是，通过资助哥伦比亚国家警察，让他们走进田间铲除植物来灭绝古柯作物。二是政治叛乱。古柯生长于游击队控制区，这让政府武装力量难以灭绝这些作物。飞越这些地区的国家警察部队飞机会遭受地面炮火的袭击。右派与左派的游击队用毒品贸易得来的利润资助他们的活跃分子[15]。这样一来，古柯业和政治叛乱就在它们反对美国与哥伦比亚政府的斗争中形成了战略同盟。叛乱分子通过种植与保护古柯种植帮助古柯业，古柯业通过创造收入帮助叛乱分子。

美国陷入了这样一场两条战线的战争，渴望获得胜利，几乎毫不吝惜金钱，斥资超过 50 亿美元。灭绝古柯依赖两件武器。一是手工灭绝，人类动手破坏植物。2007 年，哥伦比亚的缉毒警察在 6.5 万英亩古柯田里使用了这种方法。但这一方法有其劣势：此为劳动力密集型工作，要求政府人员进入现场，而这在叛乱者控制的地区是一项危险的行动。另一种更重要的武器是草甘膦，一种除草剂，人们更熟悉它的商品名——农达。尽管很危险，但在执行飞机喷洒时陷入危险的人比手工灭绝的人少，而且费时也少。哥伦比亚警方在 2007 年在 15.3 万英亩古柯田里喷洒了除草剂，比人工灭绝的面积多一倍以上[16]。

2000 年代初，开始有流言传出，说古柯种植者们正在种植对草甘膦有抵抗力的古柯。《联线》杂志的一位记者从一家哥伦比亚农民协会的领导人（他本人过去也是古柯种植者）那里得知，农民们称这种新品种为玻利维亚内格拉。这位协会领导人带记者到田里观看种植结果。这两个人首先走过一块被除草剂喷洒毁坏了的古柯田地。那位领导人确认死去的古柯植物为秘鲁布兰卡。然后他们登上一个山包，看到了一眼望不到边的古柯作物，它们高可及颈，长势良好，这就是玻利维亚内格拉。山包的两边都曾被如雨般的除草剂喷洒过，一个品种死去了，而另一个品种存活了[17]。

对草甘膦有抵抗力的玻利维亚内格拉品种是如何进化而来的呢？一种可能是，毒品贩子雇用科学家在其中加入了一种抗草甘膦的基因。农达的制造厂商孟山都已经向棉花中加入这种基因，证明了这种概念的可行性。一位哥伦比亚遗传学家告诉《联线》杂志，毒品贩子承诺向他提供 1000 万美元，让他对古柯进行同样的工作，但他拒绝了。然而，该科学家确实检测了玻利维亚内格拉的样品，并未发现改造基因的证据。第二种可能是，古柯作物通过基因突变自行产生了这一新特性。具有这种特性的植株会在遭受除草剂喷洒而损毁的棕色海洋中如同绿色的灯塔一般鹤立鸡群，因此农民们无需费力就会注意到它们。栽培者播撒这一新品种，代替田地里那些老品种[18]。

第三种可能是，古柯栽培者改换了物种。有两种经过栽培的古柯物种，En 古柯和 E 古柯（拉丁学名 Erythroxylum novogranatense 和 E. coca）。我无法在经同行评议的研究中找到有关这两种物种对草甘膦的敏感性的著作，但有一项研究提到，En 古柯比 E 古柯更敏感。En 古柯来自秘鲁，而 E 古柯来自玻利维亚。有可能秘鲁布兰卡就是 En 古柯，而玻利维亚内格拉就是 E 古柯。如果 E 古柯的抵抗力足够强，能够不被草甘膦灭杀，种植者就可能通过以一种物种取代另一种物种的方法，改变他们的庄稼的基因构成[19]。

古柯植物对草甘膦的抵抗力把灭绝计划转变成了古柯植物及其人类战友的同盟者。草甘膦通常杀死它碰到的一切植物，这让它在清理农田方面很有用处，但却无法单独杀死混在庄稼中的杂草。孟山都向棉花中引入了对于草甘膦有抵抗力的基因，因为这可以为他们的除草剂开拓庞大的市场。通过杀灭与棉花竞争的杂草，农达大大提高了对草甘膦有抵抗力的棉花的产量。现在它们也对古柯做了同样的事情。由于喷洒农药消灭了杂草但不影响古柯植株，因此古柯产量大增。只不过通过一点进化，在灭绝计划上花费的数百万美元变成了政府对古柯生产的赞助。美国和哥伦比亚的灭绝计划变成了对古柯种植者的免费航空除草服务[20]。

现在让我们穿越时空，前往第二次世界大战期间的欧洲一游，去看看小小的六腿生物是如何在整个战争中存活下去的。为保护官兵不受昆虫传播的疾病特别是由虱子传播的斑疹伤寒和由蚊子传播的疟疾的侵袭，交战各国启动了应急计划以找到有效的杀虫剂。瑞士化工公司嘉吉的化学家保罗·穆勒发现了滴滴涕的长效合成杀虫剂。嘉吉向美国发送了一批样品进行检测。这似乎是一个奇迹。仅用低浓度的溶液即可在长时间内灭杀许多昆虫物种，而这一化学剂对人只有较低的急性毒性。美国启动了一项紧急生产计划，改装了化学武器装置，在空中散布这一化学剂，并在辽阔的区域喷洒滴滴涕，保护士兵不得疟疾。在滴滴涕问世之前，美国就已经通过其他手段降低了疟疾的发病率，但众所周知，滴滴涕是最后的制胜法宝。

这次成功让人们兴高采烈，他们希望就此消灭通过昆虫传播的疾病。穆勒赢得了 1948 年的诺贝尔生理学或医学奖。政府、基金会和国际组织进行了越来越大的努力来灭绝疟疾，最后他们的雄心壮志到达了顶峰：要在全球消灭疟疾。但正如我们看到的那样，在蚊子进化获得了对杀虫剂的抵抗力以及疟原虫进化获得了对药物的抵抗力之后，这些努力惨遭失败。进化使昆虫和单细胞的简单生物抵御了射向它们的最强大武器。

进化出对杀虫剂的抵抗力的物种能够列一个长长的名单，这些物种造成的花费很高。到 1986 年，大约 450 个昆虫与螨虫物种、100 个植物病原体的物种（基本上是真菌类）和 48 种杂草物种进化出了对毒素的抵抗力[21]。到 1991 年，因为昆虫对杀虫剂的抵抗力，仅美国农民每年就花费了 14 亿美元额外喷洒杀虫剂。这项花销每年递增，有抵抗力的物种的数目也在增加。某些情况下，抵抗力已经迫使人们放弃了整个种植事业。20 世纪 60 年代，美国西南部和墨西哥北部的农民不得不停止在 70 万英亩土地上种植棉花，因为杀虫剂已经无法控制主要的病虫害[22]。

在通过尝试灭绝物种而导致的人为进化中，我们可以学到许多，但在这里，让我们关注四个主要观点。第一个观点能够加深我们对政府作用的理解：政府与国际组织经常促使进化快速发生，因为他们能够动员大规模的灭绝行动。某位房主希望灭绝她家中的蚊子，但她本人无法灭绝更大区 38

域的蚊子。一只因基因突变而产生对滴滴涕抵抗力的蚊子或许会偶然飞进她的家中，开创一个新品种，但可能性很低。但在世界某处的一只蚊子通过对它有用的基因突变而进化的可能性很高。政府拥有权力动员大批资源、推翻产权和在数千平方英里的土地上喷洒杀虫剂。因此，政府对于灭绝的努力参与得越多，灭绝目标进化得到抵抗力的可能性就越大。

第二个观点也能增加我们对于政府的认识：战争推动了进化的发展。对于任何政府来说，国防都是核心职责之一。我们通常认为，威胁国家安全的是人类敌人，但自然界的敌人也能威胁国家安全。美国在第二次世界大战中大力开发杀虫剂，因为他们知道，疟疾和斑疹伤寒对武装力量的威胁大于敌人的士兵。在太平洋战争初期，疟疾引起的死亡是战场上的八倍。因此，战胜人类敌人的能力寄托于战胜自然界敌人的能力上。第二次世界大战期间的化学剂、传播技术（飞机、喷洒罐和雾化器等）、专业人员和组织模型一直延续到战后对疟疾的控制中，并迅速造成了蚊子的进化。在南美，美国与哥伦比亚与政治叛乱的斗争造成了古柯作物的进化。

第三个观点强调了经济规模的角色：一个公司的影响越深远，它就越有可能引起进化。如果一个公司仅仅局限于本地营销，它的影响只能与碰到了蚊子的房主相比。它的药物可能只会在城镇中与一个发生了抵抗力基因突变的病原体相遇；但这一可能性随营销面积急剧上升。对于那些向全球销售同种抗生素的庞大公司来说，它们的药物几乎不可避免地会在某个地方与有抵抗力的个体狭路相逢。

第四个观点预测了我们的灭绝往往会偏爱的物种种类：我们最不喜欢的物种。时而有意时而无意地，人类已经做到了在全球或地区或局部范围内灭绝一些大型哺乳动物物种。在北美，这些物种包括狼和美洲豹（又称山地狮或美洲狮），可能还有猛犸象和乳齿象。这些哺乳动物在与小型生物的竞争中通常都是失利者。

一项实验揭示了体型较小的物种比体型较大的物种更快适应灭绝的原因。如果我们要发明两个物种，想让一个较慢地进化而另一个较快地进化，我们需要给它们什么特性呢？慢进化物种将使（1）个体间特性变异很少；（2）每一代历时较长，从而放慢种群可能改变的速率；以及（3）每一个体的后代很少，从而放慢某一特性可能传播的速率。快进化物种将（1）个体间大量变异，从而使某些个体带有在任一威胁下生存的特性，增加生存机会；（2）每一代历时较短，从而加速一个种群能够改变的速率；以及（3）每一个体有大量后代，从而增加某一特性传播的速率。

下面让我们做一个生态学实验。如果我们要发明一个会迅速灭绝的物种和一个会延续下来的物种，那它们会有怎样的特征？迅速灭绝物种将使（1）种群数量小，某个个体的死亡会带来重大冲击；（2）每一代历时较长，这就使种群无法迅速恢复；（3）每一个个体的后代很少，这也让种群无法迅速恢复；（4）占域较广，让它比较容易在一个给定区域内灭绝；以及（5）只能在有限的环境条件下生存，由此一个栖息地的消失就会摧毁这一物种。可延续物种将使（1）种群数量大；（2）较短的世代历时；（3）每一个个体有许多后代；以及（4）在不同的栖息地具有生存的能力。

现在让我们把实验的结果运用于灭绝。狼、美洲豹和其他肉食动物符合适应较慢、容易灭绝的物种的标准。它们每一代历时长（一年或更长），单个个体的后代少（一窝幼崽可以用一两只手数出来），占有的领域大（以平方英里计），导致种群密度低[23]。它们无法足够迅速地进化或者繁殖以避开组织良好的美国联邦与州政府人员的灭绝行动。昆虫、病毒、细菌和真菌则相反。它们种群庞大，个体数目以十亿计、万亿计；它们的世代更替时间短，有些细菌和病毒以小时或天计；它们每个个体能够生产数以

39

百计或千计的庞大数量的后代。通过迅速地进化与繁殖，它们中的许多都可以轻易逃过那些有意无意消灭它们的行动。

体型较大的物种往往比体型较小的物种进化得更慢，这绝非偶然。具有较大体型的物种每一代的更替时间通常较长，每个个体生育的后代较少。幼狼或幼鲸成年需要较长世界，从而推迟了性成熟。大型动物生育的幼崽相对较大，从而限制了一头雌性动物一次怀胎的数目。它们的后代在成熟之前需要父母大量的帮助，这也拖长了世代交替的时间、限制了后代的数目。与此相反，体型较小的物种能更快地达到性成熟。它们生育的后代体型很小（细菌以细胞为形式，昆虫以卵为形式），这些后代不需要父母的照顾就能成熟，有助于缩短世代交替时间、增大后代数量。

就进化而言，这两类生物体都希望它们的后代能够成活，但使用的是相反的方法。大型动物通常以质量取胜：它们把大量的资源投资到几个后代身上，期望得到较高的幼崽成熟率。小体型生物体通常以数量制胜：它们对每个后代的投资都很少，于是它们就能够生育大量后代，虽然大多数后代都夭亡了，但却有少数几个存活[24]。这就让我们得出结论：在那些引人注意的物种中，小体型生物通常比大体型生物体能够更快地适应威胁。以大种群存在、散布于广大的地区和栖息地的小体型生物体的成功率最高。

以上结论对于我们预期世界未来的样子有着深刻的含义，同时也与大多数人希望看到的相反。人们往往喜欢大而且好看的鸟类和哺乳动物。自然资源保护论者称之为引人好奇的珍稀动物，在号召公众保护动物的运动中给以重点关照。即使那些射杀珍稀动物的人也不想让这些动物在自己身边灭绝。但珍稀动物对变化的世界适应得比较慢，因此通过捕猎和摧毁栖息地让它们灭绝并不困难。与此相反，人们通常不喜欢那些令人毛骨悚然的小东西和细菌。但许多小物种却具有迅速适应威胁的特性。我们对环境的改变越快，就越有可能使适应能力单一的大型哺乳动物灭绝，留下那些适应能力强的生物体陪伴我们，但其实我们对它们中的一些实在是没什么兴趣。

狩猎、捕捞和灭绝之间有共性，它们都牵涉到人类与特定物种有意识的相互作用。下一章我们将把注意力转向环境改变对进化的影响，这种影响在大多数人没有注意到的情况下改变了物种。

41

第五章

改变环境

　　希望你们带上了步行鞋和雨衣，因为我们将在英格兰乡间漫步。我们已经回到 19 世纪，步出户外的时候，会看到从农作物、野草、草地、灌木、树木和沼泽中迸发的盎然绿意。目光所及之处，都会有鸟类和昆虫在飞行、嗡嗡鸣叫或者爬行。我们甚至可以看到一个高大悠闲的家伙正在森林边缘用网兜捉蝴蝶。祖祖辈辈的农民都把土地分开，一部分耕种一部分休耕、种植不同的农作物和种植灌木篱墙，以此鼓励植物多样化。

　　现在让我们跳回现代。景观看上去大为不同。大片田地代替了小块耕地；篱墙和森林消失了，使拖拉机更容易耕地；工业制造的肥料取代了绿肥、动物粪便和休耕；大片田地上仅栽种着单一的作物；草地上的草修剪得很矮；除草剂消灭了野草；联合收割机只留下不多的几粒种子供鸟类啄食。单调性把多样化封杀出局[1]。这些变化大部分是生态方面的，它们改变了生物体的分布和数量；但有些变化是进化方面的，它们改变了生物体的特性。

我们知道其中一些进化的变化。农民为提高产量种植培育过的作物以及喜欢使用猎犬打猎，这二者都因培育而减少了基因和特性的变异。在农作物中大量滋生的昆虫和病害或许已经进化出了对上一代杀虫剂的抵抗力。农作物、宠物和病虫害，它们是我们关注的物种，因为它们影响我们的生活。这些也是我们在这本书中迄今为止集中讨论的物种种类。我们将在本章把重点从我们关注的物种转向我们通常不关注的物种。我们也改变了那些没有被观察到的物种的进化。

本章的论点：我们在不知不觉间通过改变环境造成了一些种群的进化。我们完全不知道我们用这种方法改变了多少物种，或者以何等速度、在多大程度上改变了它们。原因是，世界上大多数物种是在我们视线以外的小东西。如细菌这样的物种在显微镜下才会显露真容。其他的物种倒是足够大，能让我们看到，但似乎微不足道。数以百计的昆虫物种生活在农田中，但农民们通常只关注那些数量变大、足以引起经济损失的物种。在农田中是这样，在整个地球也是一样。科学家们已经命名了 175 万种物种，但是据估计，还有 500 万到 1 亿个物种尚未分类[2]。昆虫品种大约占这些形形色色的物种中的一半。这种估计有着数量级差别，它让我们对自己的无知有了一个粗略的概念。我们的知识太贫乏了，我们无法有信心地预测，我们不知道的到底有多少。

本章分三个层面探讨环境改变带来的偶然选择。第一部分以细菌为例，探讨个人层面的问题。第二部分以胡椒蛾作为个案研究，探讨地区层面的问题。第三部分观察几种已经因应对气候变化而改变自己特性的动植物物种，探讨全球层面的问题。许多人类活动已经在所有这些层面上影响了环境。我们已经改变了海平面高度，增加了紫外辐射，在各个大陆之间迁移物种，向大气和水域中投放污染，并且通过增加二氧化硫和氮的氧化物的方式改变了雨水的 pH 值[3]。

如果你不喜欢体内有细菌这个说法，我还可以告诉你其他坏消息。我们的身体到处都是细菌。我们肠子里的细胞数是整个身体内的人源细胞数的 10 倍，单单在肠子里生存的细菌就如此之多。所以，在你的体内和体表，至少有90%的细胞是搭便车的其他物种。但这也是一件好事。我们依赖这些细菌生存。举例来说，我们肠子里的细菌帮助我们消化食物[4]。

既然我们体内有这么多细菌寄居，我们可以很有把握地预测，尽管我们完全没有研究细菌问题，但我们每一个人都管理着数以千计的进化实验。就拿减轻体重带来的影响来说吧。我们每个人体内都生活着数以千计的细菌物种，这些物种的种类在人与人之间有很大的差别，但大部分（92.6%）分属两大主要生物门：拟杆菌门和硬壁菌门。胖人体内的拟杆菌与硬壁菌 43 的比率低于瘦人，但当胖人体重减少时这一比率显著增大[5]。这些数据与生态有关：它们描述了物种数量的差别。但如果环境的改变大到足以改变物种组成，它们或许也会在物种内部改变对变异的选择。

这让我提出了一项可以加以检测的假说：饮食的改变会影响人类肠道细菌的进化。我斗胆举一例进行说明：与禁酒者肠内的种群相比，嗜酒者肠内的细菌物质会进化出不同的特性。这个例子能够通过进化史提出假说，而这些假说能够用未来的研究检测并决定支持或反对。尽管最近开始的人类微生物项目应该为更深入的理解奠定基础，但现在我们对于选择是怎样造就基因组的，以及人类肠道细菌功能的一切情况所知甚少，而对于饮食在其中扮演的角色的了解就更少了[6]。

哪些社会因素在个人层面上促使了进化的变化呢？最明显的因素是个

人的决定：我们用什么样的肥皂洗手，或者我们吃什么样的食物，体重有多少。但我们可以更努力的推动历史方面的进程。在肠道细菌这个问题上，肥胖并不仅仅由个人选择导致。它也源于广阔的社会选择，这些选择造就了个人的决定，而这些选择是由多种机制决定的。

让我们回头看看美国联邦政府扮演的角色，仅讨论它对肥胖现象的贡献，以及对美国人肠道中倾向存在的细菌种类做出贡献的两个途径。一是对玉米生产提供补助。生产一蒲式耳①玉米的花费经常高于市场需求所决定的价格。如果种植某种作物在经济上不合算但农民依旧种得起，唯一原因只能是政府的农作物补贴。

那些补贴是多种因素作用的结果，但其一是宪法对于权力的分配。每一个州，哪怕人口再少，都有两名参议员。因此人口稀少的农业州在参议院中就有着庞大的势力，这就让参议员们可以把数十亿美元的资金转交给农民。该项补助奖励那些能在每英亩土地上生产最多玉米的农民。结果可以预料：每到收获季节，价格低廉的玉米便堆积如山。加工者意识到，低价玉米可以让他们制造一种便宜的甜味剂，即高果糖玉米糖浆，这种糖浆在数以百计的产品（从软饮料到意大利面条酱）中代替了更为昂贵的晶体糖（蔗糖）。对于消费者来说，便宜的甜味剂意味着便宜的卡路里，这就使卡路里在美国的消耗量持续上升[7]。

现在让我们从摄入的能量转向燃烧掉的能量。我们再次把目光投向政府扮演的角色。只有每天摄入的能量高于每日活动消耗的能量，吃更多的卡路里才会增加体重。不幸的是，卡路里消耗量上升与体力活动量下降同

------

①　蒲式耳（bushel）是英美制的容量和重量单位，常用于计量农产品。作为容量单位，通常 1 蒲式耳为 8 加仑，约合 36.37 升；作为重量单位则对不同的农产品有不同标准，以此处的玉米为例，1 蒲式耳玉米为 56 磅，约合 25.4 公斤。——译者注

时发生。其中最大的原因是劳动力市场的转变：办公桌前的服务性工作代替了需要不停活动的劳动力密集型工作。但工作时间以外的活动量也下降了，最大的两个原因是汽车和电视。那些开汽车通勤的人们从家里走几英尺上汽车，然后开车上班，再从停车场走几英尺坐到办公桌前；下班后他们走几英尺到停车场，开车回家，最后走几英尺进入房间，然后整晚坐在沙发上看电视[8]。

郊区的发展依附于汽车，这一发展鼓励了这种行为模式，而政府通过郊区土地分配上的宽松、公路的修建、房贷补贴和税务减免等政策又鼓励了郊区的发展。郊区生活几乎总是强迫人们开车上下班与购物。就这样，政府的行为调整了美国人的体力活动量，进而影响了他们的体重，又影响了他们的肠道细菌，或许又在没人能想到的情况下，鼓励了某些菌株的进化而压制了另一些菌株的进化[9]。

郊区的发展为我们提供了一个良好过渡，从个人层面向区域层面的进化导致的环境变化。在这里，我忍不住要提及一个经典的故事：人类引起的胡椒蛾（拉丁学名 Biston betularia Linn）的进化。还记得在本章开始的时候，我们看到的那位在森林边缘悠然自得的人吗？对于我们的故事来说，他是个重要人物：他因为爱好，把蝴蝶和蛾子用大头针穿了起来，并保存在今天可以查看的特殊盒子里。他和他的前辈与后继人一起，做出了我们在绘制胡椒蛾依照时间进程发生的改变时所需要的实物记录。

让我们从颜色开始。尽管整个颜色过渡的第二部分也同样重要，但胡椒蛾的第一次颜色过渡更加为人所知。在第一部分中，色泽较暗的翅膀在某些种群中出现的频率随时间增大。在 18 世纪，这一物种的样子正如它的俗名那样：斑驳杂色，白色翅膀上有黑色斑点。在 19 世纪和 20 世纪初期，在英格兰的许多地区，色泽较深的翅膀出现得更普遍。第二次过渡不那么著名。从大约 1970 年开始，传统的杂色又一次变得更为普遍了。要理解这一跷跷板式往复变化的原因，我们需要把生物学（蛾的遗传学和鸟类的捕食）和历史学（经济和政治）放到一起考虑[10]。

45

　　当 18 世纪的英格兰鳞翅目昆虫学家挥舞着他们的网兜时，他们捕获的胡椒蛾几乎都是浅色的。收藏者确实捉到过几只有深色翅膀的，但科学界对于它们的存在还一无所知，这一状况直至 19 世纪的后半叶才有所改变。在 1848 年至 1860 年间，兰开夏郡和约克郡的收藏者注意到，深色个体出现频率突然增加。此后几十年，这一情况向北、向南扩散，直到深颜色的蛾于 1897 年出现在伦敦。到 20 世纪 50 年代，在英格兰的一大块地带上翩翩飞舞的胡椒蛾中，90% 都有深颜色的翅膀[11]。

　　欧洲大陆与北美也有类似的情况。深颜色的胡椒蛾于 1867 年在荷兰的布雷达出现。它们在 1880 年传播到了德国，1882 年到了鲁尔，到 20 世纪初它们传播到了柏林、布拉格、北波希米亚、波罗的海沿岸与哥本哈根。一旦出现，它们就变得日益普遍。根据记录，深色蛾 1903 年在柏林现身。1933 年，该处的深色蛾占种群的 25%，1939 年占 50%，1955 年占 85%。在北美，首次记录是在 1906 年的宾夕法尼亚西南部。深色蛾 1910 年出现于匹兹堡，1929 年于底特律，并从那里沿东海岸北上传播到新英格兰州。到了 1960 年，其出现频率已在密歇根达到 80%—97%，在安大略湖达到 36%，在马瑟诸塞达到 3%—11%[12]。

　　深色蛾百分比的快速上涨源于鸟类对大量浅色蛾个体的捕食。在英格兰，至少有 9 种鸟类物种把胡椒蛾当作自己的盘中餐，其他地区也差不多有同样多的鸟类以胡椒蛾为食。在深颜色树木与建筑物为背景下的浅色蛾目标明显，这让它们比身体跟背景混为一色的深色蛾更易被鸟类发现。在深色蛾占优势的一百年左右，浅色个体遭到的捕食或许要比深色个体高

25%—50%[13]。

而后这一情况发生了逆转。在 20 世纪的最后三十多年中，英格兰东北地区的深色蛾比率从 90% 以上暴跌至大约 50%，密西根和宾夕法尼亚则从 90% 暴跌至 10%。通过扮演冷酷而有偏见的杀手角色，鸟类又一次转变了两种胡椒蛾之间的比率。在此期间，它们吞吃深色蛾个体的数目比浅色蛾高 5%—20%，而且它们这样做的原因与过去相同——在主要为浅色的景观背景下它们更容易看到深色蛾[14]。

让蛾生活区域的环境颜色变深的主要因素是燃煤。对于胡椒蛾颜色的
46 早期研究将这一改变归功于（或归罪于）煤烟。英格兰、美国中西部的北部地区以及欧洲大陆北部（尤以鲁尔山谷为甚），所有这些胡椒蛾种群进化产生深色翅膀的地方都于 19 世纪与 20 世纪初期增加了燃煤用量，随之又在 20 世纪后期减少了燃煤用量。更近的研究支持如下观点：燃煤的使用使景观颜色变深；但同时认为，与煤烟相比，二氧化硫应该承担更大的罪责。二氧化硫与酸雨的形成有关，后者杀死植物，包括生长在树干上的浅色青苔。从使用燃煤向使用清洁燃料的转变急速降低了空气中的煤烟和二氧化硫，这让树木和青苔重新以浅色生长，而且在都市生活的人们也洗去了建筑物上的污秽，让被污秽遮住的浅色墙壁重见天日。

煤作为燃料的兴衰史告诉了我们环境改变颜色的原因，但它并没有解释为什么人类对于煤的喜好会这样起落。对此，我们必须请历史出面帮忙。现在的通用解释是工业化。工业革命创造了对于能源的庞大需要，无论是在工厂还是在工人们的家；而煤填饱了蒸汽机和人们家中的炉膛。但煤并不是工业革命中不可避免的燃料。英格兰工业革命最先是由水力提供能源的，这解释了为什么棉纺织工业改革这一工业革命的先驱发生于英格兰的西北地区。这一多山地区有持续降雨，因此有大量的水疾速下落推动水车。

如果工业革命持续依赖水力，胡椒蛾种群就会保持它们传统的杂色。

但当工业和城市扩大的时候，对于能源的需求超出了水力所能提供的水平。在水电堤坝和输电网发明之前，水力无法满足房主们让家人和房屋温暖的需求。工厂主则发现，在水结冰或者干涸的时候无法依赖水能，而且对水的依赖限制了他们的工厂选址（他们只能把工厂建在河流出现大的落差的地段）。烧柴可以为家庭和工厂提供燃料，但这种燃料在英格兰只能依靠进口，因为英格兰已经砍光了自己的森林。

巧的是，英格兰的河流和运河附近蕴藏着丰富的煤矿资源，使这种黑色的岩石变成了木头和水的高性价比替代品。而且，煤矿资源又恰恰蕴藏在英格兰北部，因此可以让工业在那里持续发展。在美国和德国那些被染黑了的地区，工厂与电站转而用煤，同样是因为位置优势带来的价格优势。在其他地区如美国西北部，使用水电能源的工厂并没有散布煤烟和二氧化硫污染。煤的使用增加并非工业化本身所致，而是由于工业地区恰恰处于煤产地附近所以煤对于其他燃料享有地区价格优势[15]。

与此类似，把煤使用量的急速下跌归因于去工业化也是一个过于轻率的解释。去工业化在其中扮演了一个重要角色，特别是在最近几十年；但用煤量的下跌始于大量工厂关门之前。比经济因素更重要的是政治因素，这才是原始驱动使用量下降的因素。1952 年，英格兰经历了多次可怕的城市污染，而作为工业、燃煤使用和深色胡椒蛾中心之一的曼彻斯特同年建立了煤烟控制区。四年之后，英国的《清洁空气法案》要求大部分地区使用无烟燃料，并把电厂分散到乡村地区。20 世纪 60 年代见证了从煤向石油和电能的重大转变，这一转变进一步降低了空气污染。在美国，《清洁空气法案》尤其是 1981 年的扩充法案，大大减轻了城区空气污染，并有助于推动向污染较轻的煤种转变[16]。

我们可以从这一个案研究中得出几项经验教训。首先，人类在偶然情况下改变了广大地区的环境。人们通过烧煤来为工厂提供动力、为家庭取暖，目的并非使乡村变黑。第二，人类通过改变环境对其他物种的影响既不是单向性的也不是最终结果，这种影响持续随时间变化。由于人类先后把景观的颜色变深与变浅，深色胡椒蛾出现的频率先是上升，然后又下降。

第三，经济、技术选择和政治全都影响了人们改变环境的方式，从而影响了进化。经济在技术选择方面扮演了关键角色：人们在煤便宜而又能够大量供应的地方使用煤，这使英格兰、欧洲大陆和美国发生了平行的进化。在其他地区，水电站能提供便宜而又大量的能源；这里的胡椒蛾并没有面临同样的选择压力，但政治干预了经济，导致由煤向清洁燃料的转变，这向生活在受煤持续污染地方的胡椒蛾引入了不同的有选择的体系。

第四，我们在不知情的情况下改变了物种的种群。当英格兰工人决定在壁炉里点燃煤炭时，他们完全不知道胡椒蛾这回事。没有几个人能够认出这一物种或说出它的名字。但擦亮火柴这一行为较小程度上参与了胡椒蛾的进化。第五，我们还没有办法追踪人类在大多数物种身上引起的进化。我们知道人类改变了胡椒蛾，这是因为我们凑巧以用大头针钉住蛾子的形式记录了它的变化。但人类并没有一直记录地球上绝大多数物种的变化。胡椒蛾只不过是无意识进化的冰山一角。

尽管人们的估计各不相同，但他们努力对我们给环境带来的影响认真进行了定量分析，得出了一些令人印象深刻的数字。空间维度方面：人类现在至少影响着世界陆地表面60%的面积，造就了世界上41%的海洋环境。每年，世界上大约40%的植物生长最终为人类所用，而且几乎肯定，我们已经改变了全球的气候。时间维度方面：在人类收获的野生种群（例如鱼类）中，进化的发生速度是在自然体系中观察到的速度的3倍[17]。难怪有些科学家和历史学家认为，我们已经进入了可以称为人类世的新地质年代[18]。通过改变世界的大部分环境，我们正在改变种群进化所面临的大部分考验。

我们是怎样做到这一点的呢？关键产业如农业、工业、商业和休闲业，通过清理土地与砍伐林木明显地改变了地球的面貌。我们通过放牧、狩猎、捕鱼、引入新物种、物种灭绝和养分利用而影响生态的程度，至少对于一般游客来说不那么明显。据一份研究估计，人类已经完全毁灭、彻底利用或过分利用了全球66%的渔业资源，增加了大气中二氧化碳的30%，征用了易于开采的地表水的一半以上，使固氮量增加了一倍，几乎在一切地方引入了新物种，并灭绝了多达四分之一的鸟类物种。[19]

我们的影响范围超越了那些受到直接影响的物种。植物和动物生活在生态网内。因此，影响其中一个组成部分时也会影响其他的部分。黄石国家公园让我们看到了一个戏剧化的例子。到20世纪20年代，政府的计划几乎灭绝了除阿拉斯加和夏威夷之外的48个州的许多大型肉食类动物。而在之后的六七十年里，拉马河沿岸几乎没有出现新的三角叶杨树（拉丁文学名Populus spp），海狸（拉丁学名Castor canadensis）的种群总数也大大降低。

在1995年和1996年人们向黄石公园引进了狼之后，拉马河的生态发生了变化。幼生三角叶杨在一些地方出土发芽。海狸重新回到了一些之前不常出现的区域。对此的最佳解释似乎是，通过狼对麋鹿的影响间接地影响了三角叶杨和海狸。由于不必担心捕食者狼，麋鹿在六七十年间去它们想去的任何地区啃食植物。一旦狼重新出现，麋鹿就改变了它们的行为方式。狼发现，与其他区域相比，它们在某些区域更容易捕杀麋鹿，原因之一是这些区域内没有麋鹿逃亡的渠道。麋鹿开始避免去那些捕杀危险较高的地区，其中包括拉马河沿岸的一些地带；它们更集中地生活在捕杀危险较低的地区。由于麋鹿不再大规模啃食植物，幼生三角叶杨在对麋鹿危险较高的区域繁茂生长，从而吸引了海狸[20]。这个例子说明了雄踞食物链顶端的最高捕食者以何种方式影响食物链上在它下面的其他物种的生态。通过影响狼的种群，人类也间接地改变了三角叶杨和海狸的环境。

没有足够多的进化生物学方面的专家，因此只能追踪人类行为造成的种群适应环境（或者灭绝）的途径中非常小的一部分。但我们确实知道，在整个地球上，正在改变的环境潜在地影响了生活在其中的每一个物种，而我们所造成影响的范围似乎已经变成全球范围了。当烧煤的工厂和取暖设备将煤烟和二氧化硫投放到空气中时，它们也投放了一种看不见的气体：二氧化碳。二氧化碳与甲烷和其他几种气体升上空中，在地球周围形成了一个气体屋顶。就跟温室的玻璃屋顶一样，这一气体屋顶让阳光穿过，加热了土地和水。但和玻璃屋顶一样，温室气体也把土地和水呼出的热量截留了下来。我们的行星正在变热，原因几乎可以肯定是人为的温室气体，而且这种状况还将在可预见的将来持续存在。

我们所听到的，大多是全球气候变暖是怎样影响地理和生态的，但实际上它也影响了进化。地理和生态效应包含甚广，冰川的融化、海平面的提高、沙漠的扩大和动植物生长范围的变化等只不过是其中几项。但气候变化影响了物种种群进化的环境，因此气候变化让人类在全球范围内变成了选择的推动力。当一位工人在19世纪英格兰的一座排房中擦亮火柴点燃煤时，进化的影响便波及了在乡村中展翅飞翔的胡椒蛾。这簇火苗也让全球的气温有了几乎无法察觉的升高，并把物种的特性推向了不同的方向。我们也是刚刚开始得到进化影响气候变化的数据。

最有可能在气候变化的风暴中生存下来的是那些能够迅速进化的物种。正如我们在第三章中看到的那样，这些物种往往能够大量繁殖，可以生活在多种栖息地之中，世代的间隔时间短，并且携带着很大的遗传变异性。50
我们已经注意到，尽管许多细菌和昆虫物种不符合这一标准，但也有许多
细菌和昆虫物种符合。现在让我们看一下杂草这种植物。从专业的角度上
说，杂草这种植物生长在任何人类不希望它生长的地方，因此树木也可以
是杂草。但称作杂草的大多数植物是生长在农田这类扰动土壤中的一年生
植物。农民每年都犁地，打碎杂草的家园，因此这些物种不得不生活在迅
速变化的栖息地上。事实上，许多杂草只生长在扰动土壤中。因此，它们
自然会盛装打扮地出现在进化的舞会上。

那么，让我们在进化舞会的舞池中选一种常见的杂草——芜菁（拉丁
学名 Brassica rapa）作为舞伴，一起轻歌曼舞吧。人们预测，全球气候变暖
将会带来的后果之一是干旱。2000 年至 2004 年袭击南加州的一场干旱给了
研究人员一个机会，让他们得以观察芜菁种群是否能够通过遗传在短期内
适应这类变化。幸运的是，这些研究人员恰巧在 1997 年收集了芜菁的种
子。2004 年他们又一次收集了芜菁的种子，并分别在潮湿和干燥的田间播
下了这两年的种子。他们发现，在不同的潮湿度情况下，2004 年产种群的
后代比 1997 年产种群的后代提早 1.9 天至 8.6 天开花。芜菁种群仅用了 7
年便产生了遗传进化[21]。

昆虫是进化中的佼佼者，它们能在舞池中起舞，步入下一舞曲也就不
足为奇了。在西班牙西北地区的奥佩德罗索山上，果蝇（拉丁学名 Dro-
sophila subobscura）的一个种群在 1976 年至 1991 年间遭遇了升温。一种人
们以“奥”命名的果蝇染色体携带着让蝇类抗高温的基因。这种染色体有
15 种不同类型。当气温升高时，种群中一种染色体类型的出现频率下降了
47%，而另一种染色体的出现频率则有所上升。频率下降的染色体类型最
初在北方的蝇类中较为普遍，在南方则相对稀少。而频率上升的染色体种

类最初在南方更为普遍，在北方相对稀少。因为南部地区比北部地区更为炎热，基因频率的转变符合对升温的适应[22]。蚊子也适应了全球气候变暖。1972 年至 1996 年间，在气温升高时，北美大片土地上的猪笼草蚊种群推迟了它们在一年中的冬眠时间（更准确地说，是进入滞育的时间）[23]。

现在让我们将舞伴换成哺乳动物。从 1989 年至 2002 年，加拿大育空地区卢克恩湖附近的环境发生了变化。春季的平均气温升高了 2 摄氏度，降雨量减少，白云杉球果变得更多了。在这一时期的末期，当地以杉球果为食的红松鼠产仔的时间比这一时期的初期提前了 18 天。栖息地可能有两种方式导致红松鼠提前生产：生理方式或进化方式。通过比较个体母松鼠每次的产仔日期，研究人员们得出结论，对于这种改变，62% 的原因应该归于进化（生理的）。生理变化让每一代松鼠提前 3.7 天产仔（假设我们不讨论计算所需的数学方面），而遗传占 13%，或者说每代占 0.8 天。另外 25% 原因未明[24]。

这些例子让我们得出结论：无论舞曲演奏得多么快，适应性变化会让其他物种能够跟上全球气候变暖的速率。在某种程度上说这是对的。但我们必须记住，物种在迅速适应方面的能力差别极大。适应环境对那些世代时期长、对栖息地有特定要求、基因变异小的物种来说艰难得多。有一些我们最喜爱的物种，诸如树木和大型哺乳动物等，就属于以上范畴。据一份 2004 年的研究估计，到 2050 年，气候变化将使现有物种的 15%—37% 灭绝[25]。

我们拯救这些濒危物种的主要战略部署是建立自然保护区，然而不幸的是，这一战略将开始失效。我们在这些物种现在栖息的地方设立保护区；而当地球变暖时，那些物种将不得不迁往两极或高山地区才能获得它们生存所需的温度区间。但我们并不打算让保护区随着它们迁移，因此它们将不得不进入不受保护的地区。如果我们无法采取有些人的建议，建造南北向的保护长廊，届时动植物将不得不离开国家公园，去面对公园保护它们免于承受的那些危险[26]。

到现在为止我们一直专注于那些能够适应环境变化的物种。但并非所有物种都能及时适应变化，而历史上，大多数物种的长远命运是灭绝。有些物种的灭绝引起了巨大反响，恐龙的整体灭绝就是这种情况。其他物种则一个个分别走进坟场。大多数物种的消亡与人类无关，但我们也曾亲手埋葬了一些物种。一个著名的例子是候鸽在北美的消失。捕猎是其中的一个原因，但最重要的原因是栖息地的毁灭[27]。在我们对地球的改变程度日益增加时，我们驱使物种走向灭绝的程度也日益增加。

毁灭栖息地的事业（尤其是因农业毁灭），改变了地球上最多的陆地面积；也正是通过这一事业，人类威胁着数目最大的物种的生存。一份1997年的研究发现，没有任何东西能比农业的出现场所更能影响美国的濒危植物、哺乳动物和爬行动物所在地[28]。砍伐热带雨林或许是今天我们让物种最迅速灭绝的原因。据估计，陆地物种的三分之二生活在潮湿的热带森林中，所以，消除这些生物多元化热点（或者像农业那样，用种类较少的动植物集合取而代之），是让一种物种走入坟墓的有效方式[29]。

人类的精神能够覆盖多远，人们改变环境的动机就会有多少与之相当的多元化。这些动机包括经济的、政治的、社会的、文化的和军事的。因为环境的变化会导致进化的变化，经济力就成了进化的推动力；社会力是进化的推动力；文化力是进化的推动力；军事力是进化的推动力。人为进化，人的推动力种类何其多也。

52

53

第六章

进化革命

就在我在家里的三楼阁楼上写这一章时，我家的狗赖利在一楼炉火旁的地毯上小憩。我们很享受它在我们生活中的感觉，因为它充满感情的喧闹能让我们在情绪低落时欢快起来，能活跃我们在跑步和散步时的气氛。尽管它只是狗科动物中普通的一员，但我们爱它。它并没有显赫的家世，也没赢得过什么展览会大奖。它并非来自精英犬室，而是来自动物收容所。我们一直不知道它的祖先是谁。或许是一头平毛寻回犬，又或许是拉布拉多寻回犬与其他品种的狗杂交生下来的；也可能属于其他宗族。它是一条普通得不能再普通的狗。

但它也是与众不同的，因为它是狗这一大家族的成员，而狗是世界上首次被驯化的几个物种之一。**驯化**指的是"一个过程，通过这一过程，某物种适应了其他物种，并在圈养的状态下生活与繁殖"。我们一进入驯化名人堂，最先映入眼帘的就是狗的名匾。狗能够拥有这样崇高的位置，是因为它们除了是第一批被驯化的物种之一，还经历过两次戏剧性的转变。第一次转变见证了一个或多个狼的种群进化为狗。这一事件的惊人之处在于，狼的后代可以成为我们信任的同伴，可以被允许在婴儿周围活动。尤其惊人的是，作为第一代驯养者，在他们之前没有任何给予启发的其他驯化先例。第二次转变把狗分出了不同的品种，各品种无论外貌或行为都大相径庭。达克斯猎狗和瑞士救护犬居然有共同的祖先，这简直令人难以置信，但事实就是如此。跟所有的狗一样，赖利证明了人类影响其他物种的进化的异常能力。

54

　　本章的关键论点：人类历史上最重大的一次转变是一场影响进化的革命，即是农业革命，因为它造就了定居社会、先进的技术、国家政府和历史学家研究的几乎每一种事物。农业革命被称为一次进化革命是因为它依赖于驯化，而后者在多个世代中改变了生物体物种的遗传特性和基因。因此，大部分有记载的历史其实是人为进化的副产品。

　　谈论过去发生的事情不需要多大的篇幅，因此本章的大部分内容都专注于其次论点：这一进化革命是如何发生的。我将比较驯化的传统解释，即系统选择，以及挑战传统的无意识进化解释。我倾向于后者，它可能会让喜欢把历史事件归因于人类意愿的人感到不安。有关发生机理的争论是重要而又有趣的，但这不过是次级讨论；因为系统选择和无意识选择这两种机理都能导致进化革命。

　　人为进化造就了人类历史，从而也造就了那些历史学家研究的事件，它比其他任何人类推动力都更为强大。原因很简单。要有人类历史，首先要有人类。没有人为进化，历史学家所研究的绝大多数人物根本不会存在。通过狩猎与采集两种方法，我们祖先得到的食物只能支持游动部落的小种群。只是当农业提高了每亩地、每个劳动者产出的可消费食物以后，大种群才成为可能。而农业又依赖于野生植物和动物的特性的改变，这才能提高它们的产出率。根据考古学与遗传学证据，人们认为，人类大约在一万年前开始农耕。人类有意无意地选择更甜的水果、不易碎的种子心皮、不那么富于野性的动物和味道更肥美的牛。今天，除了极小的例外，全世界64亿人口的生存都依赖农产品[1]。

那么重点来了：没有人为进化，你恐怕就无法阅读本书。历史学家早就认为历史是从人类发明文字开始的（他们称更早的事件为史前）。文字是人为进化的一项副产品。当农民自己的家庭用不完自己生产的食物后，社会的其他成员便享用那些富余出来的食物，并转而进行其他工作。他们创造了社会阶层、官僚机构、军队、复杂的技术、对外征服，以及文字，才有了这本书。更重要的并不是这本书是否可以存在，而是我们认为，属于文明的几乎每一种事物（也包括这本书），还有历史学家研究的大部分课题，都是因为驯化才得以发展起来的[2]。

我们今天对进化革命的依赖和过去一样多。2006年，从事农业的劳动力大约占世界劳动力总数的39%。这一比率在第三世界要高些，在撒哈拉沙漠以南的非洲达到了63%[3]。与劳动者一样，国家也依靠农业的收入生存。2002年，在撒哈拉以南的非洲和南亚，农业对国民生产毛值的贡献约占30%，在东亚和东南亚约占20%，在拉丁美洲和加勒比地区约占7%[4]。此外，世界上差不多所有人的食物都以农产动植物为主。

从有关的物种数量和它们从属的分类群的范围，可以看出人类数千年来在驯化方面所做的努力。驯化动物包括哺乳动物（狗、驴、马、乳牛、绵羊、山羊、驯鹿、骆驼、皮弗洛牛、兔、象、雪貂、獴、牦牛），鸟类（鸡、火鸡、野鸡、鹌鹑、鸽子、鹰、鹅、鸭子、鹈鹕、鸬鹚、鹤、金丝雀、鸵鸟），昆虫（蚕、蜜蜂）和鱼（鳗鱼、鲤鱼、金鱼、极乐鱼）[5]。

驯化植物的名单甚至更长。光是人们认为原产地在西南亚的植物就包括各种谷物（燕麦、大麦、黑麦、小麦），豆类（鹰嘴豆、扁豆、蚕豆），块茎（甜菜、萝卜、胡萝卜、水萝卜），油料作物（油菜籽、芥末、红花、橄榄、亚麻），水果和干果（榛子、瓜、无花果、核桃、棕榈、扁桃、杏子、樱桃、梨、苹果、葡萄），蔬菜和调料（洋葱、蒜、韭葱、大头菜、香菜、黄瓜、孜然、茴香、马齿苋），纤维植物（大麻、亚麻），饲料作物（常绿草、黑麦、苜蓿、巢菜），以及药物材料（颠茄、洋地黄、古柯）。而得到其中一些动植物又需要经过驯化的微生物。细菌能把牛奶变成酸奶，酵母对于蓬松面包、葡萄酒和啤酒的制作至关重要[6]。

家养动植物如此普遍，不可避免地要被提及。我们吃的食物、穿的衣服都来自家养动植物，饮用的葡萄酒和啤酒是用驯化的真菌发酵的，我们走在家养的青草上，我们的汽车燃油来自农产谷物，我们家中有家养花、猫、狗。至少在食物供应充分的国家里，这些都在有条不紊地进行着。《圣经》把驯化说成是神的意志，这更加强了驯化不可避免的意味。《圣经·创世记》告诉我们，上帝把其他物种放到地球上供我们使用，并给了我们凌驾于它们之上的统治地位。根据这一说法，我们最初的家园是一座花园。还有什么比驯化更天经地义的吗？

不可避免性和普通性的意味可以引申出一种驯化不需要任何解释的含义。即使我们想到，这一过程需要人类的一些努力，我们也经常认为这些努力很简单。人们发现某种植物或动物具有有用的特性，就把它们圈养起来——于是我们脚边就有了狗和猫，畜棚里就有了牲口，馅饼中有了苹果和樱桃，橙子和葡萄柚就上了我们的早餐桌，丁香花和秋海棠就在花园里开放。这种解释似乎可以说是一种本能，因为我们今天已经对动植物的培育习以为常。另外，我们希望人们通过有意识的行为完成重要的事情，而不是单凭运气。

然而，如果我们在正常与普遍之间画上等号，那么驯化就是不正常的。第一批人属物种（拉丁学名 genus Homo）在大约 700 万年前进化，而智人（拉丁学名 Home sapiens）大约在 25 万年前走上世界舞台。大约一万五千年以来，我们和家养物种生活在一起，或者说，这只是智人这一物种的历史的大约 6%。如果说到人属物种的历史则远少于 1%。鉴于这一历史的短暂和稀有，驯养令人远不只一点好奇，因此当然需要解释。

对于驯养的经典解释是系统选择，它强调了人类极为骄傲的特性：预见、计划和控制。正如英国博物学者托马斯·贝尔在 1837 年指出的，驯化证明了"凌驾于卑微动物的自然本能之上的，人类艺术与思维头脑的凯歌"[7]。根据这一假说，人们相信自己能够把野生动物转变，使它们具有野生物种所不具有的特性，而且利用培育，有选择地让雌雄动物交配，培养拥有新特性的野生物种。

这一解释与《圣经·创世记》中描述的故事的相似之处远非泛泛。尽管它把上帝的尊崇地位转交到了人类的手中，但**培育大师假说**为人类设想成有了一个全知全能的上帝身份。今天，让人类拥有这样的特性是本能的，因为养殖如此普遍，而且乍一看又如此简单。让一匹冠军母马与一匹冠军公马交配来繁殖动作敏捷的赛马，还有什么比这更清楚呢？但培育只是事后看上去简单，就是说，只有当人们找出了方法并得出了某些结果之后才简单。事前看上去可能令人望而生畏。

57 我们可能需要把农业革命归因于无意识选择。人们可能会因某些短期原因而采取行动；而植物与动物的驯化就是这些偶然行动产生的副产品。当他们消灭埋伏在营地周围的狼群中的坏家伙，或者相比采集短纤维棉花种子，采集更多长纤维棉花种子时（后面更详细地探讨这两个例子），他们并没有瞥见那些努力会带来的远期后果，如西敏寺狗展、利维斯牌牛仔裤、双层奶酪汉堡加炸土豆条、中学橄榄球赛、畜群嫁妆、帕特农神庙、印度教的薄伽梵歌和十字军东征等等。然而，这一类行为的叠加最终造成了革命。

这些行为结合起来就造成了选择效应。通过增加更温顺的动物的生存几率，人们造成了动物外观和行为上的一系列效果，其中包括全年产崽率、带有花斑的表皮和对人类指令的反应。而通过提高易于收割的作物的生存几率，人们培育了种子饱满、同时成熟并且果荚不易破碎的家养物种。人们最终确实成了培育者，但我认为他们开始时不是。

要知道为什么，就让我们穿上行头，去大约一万五千年前的东亚草原和中东平原。生物学家认为，大约在那个时间，在这两个地方中的至少一个，人类把狼（拉丁学名 Canis lupus）驯化成了狗（拉丁学名 Canis familiaris）[8]。我们很可能会看到猎人—采集者的小组在这些地方游荡，他们移动着自己的营地，追踪迁移中的动物和成熟了的植物。我们也很可能会看到狼群在捕猎一些同样的动物。根据培育大师假说，这些猎人—采集者意识到他们能够驯服狼，从而帮助他们创造更好的生活。一些勇敢的人潜入狼窝，捉到了几只狼崽，把它们带回营地，并训练它们在猎人的指令下狩猎。这一招大见成效。人们意识到，驯狼（即狗）还能执行其他的工作，所以他们按照不同的工作内容进行设计，创造了不同的品种。培育者通过人们需要的特性来生产每一品种，挑选带有这一特性的雄性和雌性动物，让它们交配[9]。

这种情况对早期驯化者有一些重要的要求，其中包括：

1. 他们需要相信，他们的祖先数十万年来沿用的生存方法实为不妥，

58　他们需要采用新的策略。

2. 他们需要在想象中认定，他们能够驯化一个野生物种，虽说他们过去从来没有这样做过。

3. 他们需要想象一些他们在狼身上从来没有见过的特性，如听从人类的要求和甘心情愿与人类分享猎物。

4. 他们需要相信，他们能通过圈养狼崽来驯化狼。

5. 他们需要相信，狼与狼之间各有不同，因为它们从各自的父母那里继承特性。

6. 他们需要相信，人们可以通过让特定的公兽与母兽交配的方法操纵特性。

7. 他们需要相信，狼可以通过圈养繁殖。

8. 他们需要相信，与采集植物和猎取动物以获得眼前利益相比，上述所有这些能更好地利用时间。

除了需要神灵可能才有的预见与技巧之外，培育大师假定对狼的生物学进行了武断的假定。一个假定是，人类可以用野生狼崽培育驯化的成年狼。狼崽的行为确实很像狗，但即使是由人养大的小狼在长大之后也会变得十分凶狠，人类的一个不当动作就可能导致血腥的后果甚至致命的攻击。另一个假定是，人们可以在一代之内将狼这种凶残的动物转变成服从命令的同盟者。狼是不服从人类命令的。很难想象，人们会为了未来不确定是否可以得到的利益而坚持喂养危险的动物。还有一个假定是，狼会跟人类选定的任何动物交配。实际上，雌狼是自己选择交配的雄狼，而不是把决定权放在其他生物手上[10]。

现在想象一下，我们簇拥在一团一万五千年前东亚猎人—采集者点起的篝火周围，并提出了培育大师假说。要使这一谈话变得与实际相符，我们不能提供来自未来的信息，也就是这种假说能够实现的数据。这些猎人—采集者可能会同意参与，但我觉得他们更可能会笑起来，让我们自己去尝试这个想法，然后他们就又回头用久经考验的方法谋生去了。这种反应方式并不说明他们笨或者傻；这说明他们有理性。

我们不必假设一万五千年前的人们去使用今天看上去很普遍的培育技术，还是让我们看看，驯化可能会如何产生于猎人和采集者牟取眼前利益的行为吧。以下一系列情况是有可能发生的。猎人—采集者把猎获动物的骨头和尸体等物品当作垃圾，扔在他们的营地外面。隐藏在附近的哺乳动物以此为食；这可以减轻腐烂的肉和内脏的臭气，所以人们放任这些食腐 59 动物的行为。当其他食物短缺的时候，猎人的慧眼盯上了附近的狼，而且捕杀了几头。但他们并不是随意选择猎杀对象的。狼的脾性差别很大，首先除掉狼中的那些捣蛋鬼就会让人类的生活稍微安定一些[11]。

现在让我们紧靠着猎人的营地隐身，从狼的视界观察这一过程是如何发生的。狼对人类的反应是不同的。这些反应一直在变，从总是呆在人类周围到从来不靠近人类。作为狼来说，无论是采取这两种极端态度或是中间态度都是可以的。但狼是群居动物，它们追随狼群中地位最高的公狼和母狼的行为，而幼狼则通过观察长者学习它们的行为；就这样，有些狼群变得越来越专注于追随人类营地。在追随人类营地的狼群中，不同的狼，好动程度也不同。那些胆子大的狼爬得离营地最近，从而得到了最多的食物，而那些胆子小的狼就离得远远的，它们得到的食物最少。胆子小的狼也是那些一旦感觉受到人类威胁就充满侵略性的狼。

就这样，与相对好动的近缘相比，相对冷静的狼具有两个优势：更多的食物；当人类决定宰杀一些狼充饥时，成为牺牲品的几率较低。随着时间的流逝，无意识选择造就了更为温顺的狼，直到有一天，它们冷静到了人类准许它们进入营地的程度。其中有些狼甚至证明了自己比其他的狼更为聪慧，能够明白人类的语言和动作信号，能够请求人类更多地喜爱它们；于是这些狼就得到了更多的食物，相比迟钝的同类也更不易遭到人类宰杀。逐渐地，狼学会了服从命令，而人类把反应最佳的狼留在身边，因为它们能够从事有用的工作。最终，狼的驯化版本与原版的区别已经足够大，可以让人们称为"狗"在旧石器时代的对应物。

这一设想的情况认为，无意识选择推动了驯化。其核心观点是，人类和狼都在为自身的短期利益采取行动，完全不存在影响未来世代的意愿。但他们的行为选择偶然地偏向让狗与狼分家的特性。你是否感到，人类自我标榜的形象轰然坍塌了？我们喜欢把自己想成一个有计划的物种，历史学家几乎总是把变化归功于人类的意愿。而我却坚决认为，人类历史上最根本的转变——驯化和农业革命——始于偶然。幸运的是，我不用仅靠思60 想实验来支持这一令人不安的论点。

不要脱掉你的风衣，因为我们现在要闯荡西伯利亚了。1958 年，一位名叫德米特里·别里亚耶夫的遗传学家被任命为新西伯利亚市的细胞学与遗传学研究所所长[12]。别里亚耶夫发现自己对尼古拉·瓦维洛夫的理念很感兴趣，后者是植物学家和遗传学家，因对栽种植物起源地的确定为人所知。但别里亚耶夫更感兴趣的是瓦维洛夫有关驯养动物的想法，特别是动物家族中不同分支的驯养物种表现出类似特性的观察结果。例如，许多野生动物每年在特定的季节产崽一次；而它们的驯养后代却能一年多胎，而且可以在任何季节产仔。别里亚耶夫猜想，这是因为对"驯化行为种类"有利的选择造成的。他的推理是：任何驯养动物都需要容忍人类的存在、对人类的服从和在圈养中繁殖。而且他认为，人们并非有意识地选择驯化动物的行为。带着这一想法，他决定看看自己是否能够创造行为与狗类似的动物[13]。

别里亚耶夫决定用银狐检验他的想法。同狼和狗一样，狐狸也属于犬科动物家族。别里亚耶夫选择了一个在皮毛兽场生活了大约 60 年，但每年还继续在特定季节中产崽一次的种群。尽管它们的管理者并没有有意识地进行行为选择，但这些狐狸对人类的反应各异。大约 30% 的狐狸表现得很有侵略性，20% 的狐狸很胆怯，40% 的狐狸既有侵略性又很胆怯。剩余的10% 不胆怯，也没什么侵略性，但当人们触摸它们时会咬人。实验者放弃了那些自我保护强的狐狸，继续对表现冷静的 130 头狐狸（100 个雌性、30 个雄性）进行研究。他们让这些狐狸的后代继续产崽，但每一代只保留那些表现最好的个体（雌性狐狸中最好的 10% 和雄性狐狸中最好的 3%—5%）。这一选择持续了大约 40 代，在此期间实验者检测了 47000 多头狐狸[14]。

狐狸的行为改变得很快。只不过两三代就淘汰了那些反应过于激烈和过于胆怯的狐狸。第四代的第一批幼崽的表现已经不足以用"在人类周围保持冷静"形容了。这些幼仔看到人们接近时会摇尾巴，并发出呜呜的叫声。第六代出现了几头被实验者誉为"驯化精英"的幼崽（占该代总崽数的 1.8%），因为它们太像狗了（图 6.1）。它们不仅呜呜叫、汪汪叫、围着人摇尾巴，而且还试图舔实验者的手和脸。有些还尾随实验者到处走。　　61

得到这样的行为并没有经过训练；它们是在幼崽年仅三周时开始出现的。在第六代之后，实验者不再定期接触狐狸，但驯化精英们还在继续渐渐增多。在第十代幼崽中，像狗一样的狐狸达到了 18%，第二十代达到了35%，第三十代达到了 49%，第四十代几乎达到了 70%。许多狐狸在听到人叫它们名字时有反应。而且，正如别里亚耶夫猜想的那样，许多雌性狐狸每年产崽两次而非一次[15]。

图 6.1　驯化在进行中　俄罗斯遗传学家德米特里·K. 别里亚耶夫在 20 世纪驯化了狐狸。野生狐狸具有侵略性、单色、直耳朵，且难以捉摸。实验者选择了"在人类周围感到安心"这一单一特性，进行了几个世代的实验。这一种群很快就产生了冷静、杂色（A）、耳朵松软的特性，它们冲向人类，摇尾巴乞求爱怜（B）。这些实验证明，驯化可能是人类行为造成的（例如允许食腐动物食用营地的垃圾），这种行为在偶然情况下驯化了动物。许多被认为是驯化动物独有的特性可能是偶然驯化的副产品。照片来自德米特里·K. 别里亚耶夫，《失衡选择作为驯化的因素》，《遗传杂志》，70，no. 5，1979，301—308，见 303。（照片经牛津大学出版社许可重印使用）

一项更近些的研究发现了家养狐狸与狗相同的另一个行为特性。狗可以看懂人类的提示，而且这一能力是天生的。实验者比较了幼年狗和狼找到藏在某些杯子下面的食物（其他的杯子下面则没有）的能力。当实验者指出了那些下面有食物的杯子时，狗观察这些杯子下面而成功指出的次数超过了单凭运气成功的次数。狼没有这样的行为。当实验者在驯化狐狸身上试做同样的实验时，它们的行为与狗更接近。别里亚耶夫的实验没有把读懂提示作为选择的一个标准，但由于某种原因，这一行为也是选择温顺性的一项副产品[16]。

是什么引起了这些变化呢？别里亚耶夫和他的同事们注意到，驯化狐狸与对照组（在皮毛兽场生长但未被选去作行为测试的狐狸）的变化进度不同。在大约90天时，驯化狐狸第一次对事物表现出胆怯的反应，而对照组狐狸的这一时间是45天。它们也比对照组探测周围环境的时间更多。通过进一步探究，研究者发现了两项生物化学原因以解释这些不同。一是报警激素的水平不同。驯化狐狸的脑垂体和肾上腺分泌报警激素的速率大约是对照组的一半。二是神经传递素（影响大脑功能的化学物质）的不同，特别是那些调节恐惧反应的传递素。因此，在对冷静行为进行选择的同时，实验者在不知不觉中选择了一些激素和神经传递素等化学物质水平较低的狐狸，这些化学物质控制面临危险时"战或逃"的反应[17]。

在这么短暂的时间内，如此戏剧性的行为变化已经足够令人吃惊了，但更加出人意料的是外貌上的变化。在第八到第十代中，驯化狐狸的皮毛发生了变化，在之前的银黑色皮毛上出现了黄棕色斑点和白色花斑，后者是因缺乏色素造成的白色区域。对照组幼仔的松软耳朵在出生2周到3周后挺直，但驯化狐狸幼崽要到3周到4周后才挺直。有些驯化狐狸的耳朵一生都是松软的。与对照组狐狸的直尾巴不同的是，驯化狐狸的尾巴是卷 63

曲的。与对照组相比，驯化狐狸、特别是雄性驯化狐狸的头盖骨更短且更宽，而雄性驯化狐狸的平均身材较小[18]。

别里亚耶夫和他的同事们提出假定，认为报警激素和神经传递素不只具有一种功能，以此解释这些结果。除了让动物凶猛以外，这些化学物质让耳朵挺直、尾巴摇摆、皮毛变成银黑色。这种假定是说得通的，因为许多出人意外的特性是因为某些物质的短缺，而不是出现了某些原来没有的物质。温顺不是因为产生了温顺激素而是因为报警激素生产不足。耷拉耳朵不是因为机体在努力生产让耳朵耷拉的物质，而是机体未能生产令其挺直的物质。较短的口鼻部不是因为让长口鼻变短了，而是短口鼻未能变长。出现白色皮毛不是因为产生了白色素，而是未能产生任何色素。（黑白皮毛的出现是因为色素基因让皮毛的一些片段颜色变深，但未能让其他部位变深。）因某种原因而降低多用途激素也会减少它们产生其他特性的能力[19]。

但为什么报警激素和神经传递素也控制耳朵的形状和色素这些身体特性呢？解答这一谜团需要确认这些特性在幼年向成年发展中的时间段。温顺、耷拉耳朵、短口鼻和摇尾巴，这些都是幼年狐狸的特性。凶猛、直耳朵、长口鼻和不动的尾巴都是成年狐狸的特性。实验者认为，报警激素和神经传递素控制着幼年狐狸的发展。在没有刻意而为的情况下，实验者保留了它们在幼年阶段的许多特性，而受其他激素控制的特性却得到正常发展。这些实验者并没有强调最后这点，但这是得到以上结果的关键。如果报警激素也控制性成熟的发展，温顺的狐狸就不会有生育能力，实验就无法继续下去[20]。

在更深的层次下分析得到，对于低水平报警激素和神经传递素的选择意味着选择生产那些低水平的基因。驯化是如何改变这些狐狸的基因组的？要得到确定的答案还需要进一步的检测，但我们至少可以提出两个假定。

一个是打瞌睡的工人。我们不妨把狐狸的身体想象为一所工厂，它在某个年龄段可以正常地产生成年特性。某些基因的作用就像是一些工人；其中一道工序是组装报警激素，然后把这些激素发送出去。这些激素的到来让下一道工序的工人知道，是时候生产更直的耳朵和其他一些成年特性了，以此类推，生产线继续工作。在报警激素这道工序上选择打瞌睡的工人让整条组装线陷入停顿，这就阻止了后续工序进行工作。实验者倾向于认为这一假定是正确的。 64

我们可以进行另一个假定，想象另一个打瞌睡的经理。想象在狐狸体内放置着一个有几条平行组装线的工厂，它们同时生产多种不同的成年特性。在每座工厂中，经理控制着组装线上的工人。经理们按照一条简单的规则工作：他们或者同时开动所有组装线，或者让它们全部停摆。有些经理让自己的工厂长时间地工作，但其他的经理在自己打瞌睡的时候允许工人们偷懒。实验者们偏爱那些生产报警激素较少的工厂，也就是说他们偏爱那些打瞌睡的经理，这也就意味着，他们不知不觉地偏爱那些什么产品都生产得比较少的工厂。其他假定也是说得通的，其中包括以上两种假定的结合。

有一点很重要，实验者（以及在他们之前的猎人—采集者）可以只通过选择温顺这一特性，就能培育外貌与行为都与狗相似的动物，因为控制这一特性的基因也控制着一批其他成年特性的成长。

总之，这些发现让人类能够在不经意时，通过机缘巧合为从狼到狗提供了证据。为使生活变得更好，猎人和采集者给温顺些的狼喂食并消灭找麻烦的狼。这些行为偶然选择了让后来世代的更为温顺。这种温顺源于未能激活凶悍这一成年特性发展的基因。控制凶悍的基因恰巧也控制着其他成年特性的发展，因此停止一项特性的同时也停止了许多其他特性。因此出现了短口鼻、成年时的行为充满深情、黑白皮毛、耷拉耳朵、额头上带有白斑的狼。但控制性成熟发展的恰巧是其他基因，因此带有幼年特性的狼还能够繁殖后代。这些经过改造的狼最后在外貌和行为上与野生近缘区别非常大，因此人们认为它们是狗。

　　这些发现也有助于解释为什么许多家养动物具有共同特性。家养奶牛、绵羊、猪和豚鼠都可能有相对短的下巴、黑白色的皮毛、耷拉的耳朵和额头上的白斑。这些共同点或许并非如系统选择假说认为的那样，是人们对这些特性进行有意识创造的结果；而是源于对它们的一个共同特性的选择：温顺。在这种情况下，我们或许也可以合情合理地将之归因于无意识选择或牟取短期利益的行为，而不是为了将来改变动植物而有意识采取的行动。

　　无意识选择假设也有助于解释为什么狗会分成不同的品种。如我们所见，按照系统选择假说，人们设想了狗所要从事的工作，然后用选择交配的方法为该工作创造各自的品种。这种解释的一个问题是想象力的高度。就像想象猪能和鸟一样在天上飞而不是在地上走一样，人们或许会想象有长得像狼一样的狗来放羊而不是残害它们。但看上去这两项都是不可能达到的。另一个问题是，即使人们想象出了具有新特性的狗，他们也无法无中生有地创造那些特性。如果狗长出了原初翅膀，人们可能会受到激励，让狗长出翅膀，但他们无法在开始就促使狗长出翅膀。

　　与此不同，基因突变可以促使某些狗出现人们想要它们具有的特性，然后人们会有意无意地鼓励这些特性。如同驯化一样，无意识选择或许扮演了比系统选择更为重要的角色，因为前者更简单，而且能带来眼前的好处。狗很可能在进化早期协助打猎，因为它们的狼先祖成群结队地出动，猎杀猎物。如果当时一条狗试图恐吓猎人，把他从已死亡的猎物那里赶走而它的妹妹没有这样做，那么猎人可能会在杀死与猎人合作的狗之前先杀了那条侵略性强的狗。保留每一代中最精于某项工作的狗可以持续增强人们希望狗所具有的特性。

农业不但依靠动物也依靠植物。在这里，驯化也需要解释。此处对驯化的经典解释也是系统选择。我发现，无意识选择对于植物来说也是更有可能的，这并不令人吃惊。

究其原因，让我们前往五千年前的秘鲁，去看看棉花的驯化。人类在世界上驯化了四种棉花物种，其中纤维最长的是 Gossypium barbadense（拉丁学名）这一物种，它今天更为人知的是其俗名海岛棉，或埃及棉，或比马棉。在海岛棉的驯化地秘鲁的一项考古挖掘中，人们发现了许多棉花种子，其中的纤维长度随它们被发现的土层而变化。在最深的土层中（很可能是最老的）发现的海岛棉种子带有毛茸茸的巧克力色短纤维。在更晚期的土层中发现的种子带有较长的纤维。可能海岛棉是自己以这种方式进化的；如果果真如此，这些土层只不过记录了自然选择的过程。但看上去更可信的是，人们长期选择带有较长纤维的种子，而这些土层揭示的不但是　66自然的选择，也是人类的作用[21]。

根据系统选择假说，人类需要对棉花做的事情和他们对狼做的事情十分类似；当然，有些事情因植物生物学而有所不同。那些现在生活在秘鲁的人必须

1. 在野生物种身上想象出某种他们过去从未见过的特性（在此例中是长纤维）。

2. 相信他们能够通过杂交特定的植物而创造这种特性。

3. 相信不同植物具有差异的原因是它们从各自父母那里继承的不同特性。

4. 知道如何从一株植物中取得花粉并给另一株植物授粉。

5. 知道如何防止来自其他植物的授粉（棉花植株很容易相互授粉，这造成了基因的持续混杂）。

6. 在毫无好处或少有好处的情况下多年持续这一培育过程，时间可以长达数十年或数百年。

7. 认为与采集植物和猎取动物以获取直接利益相比，把时间花费在以上所有事情上更有价值。

无意识选择假说勾画了一条不同的路线。它不需要以上七条对于培育大师假说而言至关重要的想法，而只需要假定人们心中有一个关键想法：从短期利益出发利用物种。前哥伦布美洲土著或许已经在搜集种子用作纤维或者食物。收集带有长纤维的种子应该比收集短纤维种子容易，因为这样的种子较大，易于收获者撷取。人们在造线时也更愿意用长些的纤维，这就造成了选择收获。因此，与还留在田野里的种子相比，进入营地的种子的纤维平均长度较大。去除了纤维之后，早期美洲人或许会有意无意地把种子丢弃在营地附近，种子就会在离他们住所不远的地方长出植物，其纤维平均长度要比野地里的略长一点点。在离家较近的地方收集种子要比在远处容易，所以在未来，人们会更依赖近处的长纤维植物。即使不同种子的收获地都离家很近，但收集者还是更喜爱有长纤维的种子，因此纤维长度每年都略有增加。

随着时间的推移，这些短期决定可能会产生带有长纤维的种子，其长度足以用作渔网或衣物的原料。如果我们今天去秘鲁旅行，我们就会看到按照这一假定应有的结果。无论现今存活的海岛棉，或是考古学家发现的海岛棉残迹，我们可以从所有的品种特性中发现跨越野生到高度家养的一个连续体。适度驯化的品种（人称庭院棉花）生长在距离家门不远的地方。有些农民种植传统的当地植株（人称地方品种），而其他农民则种植由专业育种者生产的现代品种[22]。

今天，对人类生存最重要的植物是谷物，它们的特性发生了趋同进化，这种现象也可以用无意识选择解释。与它们的野生近缘相比，这些物种的栽培品种的种子更大，作物更加趋于同时成熟，种荚更不易破碎，蛰伏期也更短。前三个特性对采集种子的人类来说最具吸引力。这些野生种子采集者更可能采集的是

1. 最大的种子，因为这些种子更容易拿到，而且能产生更多的食物。

2. 来自同时成熟的植物上的种子，而留下那些尚未成熟的种子，以及那些成熟得较早、已经从茎杆上落下的种子。

3. 采集更多还在茎杆上的种子，而不是那些已经在种荚爆裂后飞散在空中的种子。种荚这种爆炸式的破裂使植物的种子能够分散在较大的区域内，而不是就落在母本周围。

收获后进行的选择与选择棉花的过程类似。采集者把种子带回营地，一些种子的内核会偶尔掉到地上，有些会放在容器里以待后用，有些会被整个吞食，还有些会接受加工（研磨和烹煮）。无论偶尔的掉落，或在多孔容器中埋藏留待后用，都会把种子播撒在营地附近。整个吞食的种子也会播撒在营地附近，只是途径没那么明显。许多物种的种子在经过鸟类和哺乳动物的消化道之后未受损伤，它们甚至需要这样的过程发芽。人类排便最可能的场所是在离营地不远的地方，这就把种子和肥料同时积攒在地里。当这些种子长成植物时，无意识选择会加强同样的特性，这样，经过许多代选择之后，野生品种与家养品种的差别就非常大了。

大多数有关驯化的文献显示，人类是驯化的司机，而其他物种只是搭顺风车而已。人文地理学者段义孚的宠物分析著作《支配与喜好》的第一个词就反映了这种观点。约翰·帕金斯把绿色革命描绘为漫长进化过程中

68 的一个阶段，他认为这种单向的观点是不适宜的："小麦和人类发生了共进
化，在这一进化方式下，任何一方在没有另一方的情况下都不会有多大的
发展能力[23]。"

　　这一双向观点让人们开始想到，在人类驯化生物体的同时，生物体也
可能驯化了人类。生物学家雷蒙德·P.科平杰和英语教授查尔斯·凯·史
密斯强烈主张，自从大约几万年前的最近一次冰河期以来，最重要的进化
过程中有很大一部分是在人类活动的范围内发生的。如果发生的变化对人
类有益，那么就有助于生物体适应迅速变化的环境[24]。畅销书作家斯蒂凡·
布蒂安斯基在他的两部著作中提出了这一观点。他在《野生动物契约》一
书中提出，驯化动物"选择"了驯化，因为与荒野中的生活相比，被人类
养育能提高它们的生存几率。变成了狗的狼兴旺发达了，现在光是在美国
的狗便有数百万。留在野地里的狼则差不多已经在除了阿拉斯加和夏威夷
以外的美国本土上绝迹了。布蒂安斯基在《有关狗的真相》一书中进一步
扩展了这一论题[25]。

　　另一位畅销书作家迈克尔·珀兰则强烈主张有关植物的一种近似观点。
他在《欲望植物园》一书中指出，蜜蜂在为植物传粉和提供花蜜时或许能
"看见"植物，正如在植物为珀兰提供蔬菜时珀兰能看到这些植物一样。
但这些植物可能也同样能"看到"蜜蜂和珀兰在为它们工作。植物的野生
品种必须与其他物种争夺资源，保护自己不被食草类动物吞食，而且还要
盼着下雨。而它们的家养近缘则有珀兰来为它们做这些工作，结果就是，
与它们的野生近缘的基因相比，家养植物的基因变得更为一致[26]。

　　我更喜欢驯化的共进化观点。无意识选择假说与这个观点一致，因为
它强调，一系列追求短期利益而采取的行动加和起来，最终造成了戏剧性
的变化。采取这些行动的原因是为了应对其他物种的变化。因为要将共进

化伴舞中任何一个舞伴确定为领舞者都是带有任意性的，所以最好把驯化视为二者的共同变化与调整，而不要看成某一物种简单地将自己的意愿强加给另一物种。

　　把驯化视为两个物种间一直在变化的关系，以及把驯化视为非人类物种的固定状态，这两个观点形成了对照。驯化对于作为我们伙伴的物种有要求，但对人类同样有要求。如果我们有意无意地不再做某些事情，这一关系会破裂，可能会消失（已驯化动植物的品种一旦失宠就会灭绝）。正 69 如驯化依赖于对某个非人类种群进行的改造一样，我们或许也可以说，驯化同样依赖于对某个人类种群进行的改造。

　　本章的主要论点并不在于农业革命的发生是否因系统选择或偶然选择而来。本章强调农业革命是一次进化革命。这标志着人类影响其他物种进化的程度的一个转折点。这一进化革命让人类和经人类改变了的动植物种群这两大驯化伙伴能够在地球上越来越大的土地上占据统治地位。进化革命点燃了一场生态革命的导火线。　　　　　　　　　　　　　　　　70

第七章

有意识进化

今天早上我醒来时，身上穿的是棉纺 T 恤衫和棉纺衬衣，铺盖的是棉纺被单床单。现在穿着的是棉纺袜子、棉织牛仔裤、棉织衬衣和棉织内衣。你大概也会在一生中大部分时间里被棉纺织品包裹。正如我们看到的那样，我们能够享用舒适的棉织品要归功于大约五千年前的棉花驯化。但这并非这一过程的全部。这种舒适也要归功于培育者，他们在比较近代的时期有意识地改造了棉花。所以，在我们与棉花结下不解之缘的时候，环绕着我们的，是有意识进化造就的产物。

本章的论点：人类使用了多种技术，有意识地改变了种群的特性，而且他们还在不断地发明新技术。有意识进化这一术语并没有暗指人类认为，"我有意识地影响了物种的进化"。很少有人会这样做。大部分人认为自己正在干些别的事情，例如培育植物或者动物。我们将通过他们影响的进化来研究这些行为。我们将从两种选择技术开始：选取和系统选择（培育）。继而我们将讨论对于增加或减少变异的努力，包括杂交、转运、适应环境、促进基因突变、遗传工程、近亲繁殖和克隆。我们还将探究影响遗传的方法。除了三种影响变异的方式（克隆、遗传工程和促进基因突变）以外，我们将看看**绝育**。最后我们将看看特性改变的堂兄：**灭绝**。

进化依靠变异。这对于有意识进化和偶然进化都成立。为了说明变异在家养种群中的存在程度，不妨从一个实验开始。请想象一幅世界地图，用四种不同颜色的水彩画出四个棉花驯化的地点，请把秘鲁染成红色代表海岛棉，把中美洲染成蓝色代表陆地棉。科学家觉得不容易找到另外两种旧大陆①驯化棉花的发源地，但就本书而言，不妨使用假定的地址表示。我们把南非染成黄色代表亚洲棉，把南亚染成黑色代表草棉[1]。

请想象我们的地图具有动画功能。我们的水彩标出了大约五千年前的驯化地点。手指一弹，我们可以让地图上的水彩分散，表示出四个物种中的每一个在随后的年代里是如何传播的。我们会看到颜色的出现、分散和相互渗透造成的变色。这是因为棉类植物属于兰迪属，该属物种之间可以异花授粉。在草棉和陆地棉重叠的地方出现了紫色。我们也可以看到颜色跳跃到了新大陆上。黄色的亚洲棉和黑色的草棉出现在旧大陆，而且一千五百年之后出现在美洲，因为欧洲人把它们引入了美洲各国。由于同样的原因，红色和蓝色这两种新大陆物种的颜色开始在旧大陆星罗棋布并且扩散开来。

我们的地图强调了物种组成的变异，但物种内部也在变化。当某一物种各种群的特性不同时，我们时常把它们说成不同品种、品系、栽培品种、系列或类别。可以用不同的色调说明地图上的品种。手指再一弹，我们的

---

① 指欧洲、亚洲、非洲。——译者注

71

动画地图把每一处棉花生长地区细分为成千上万个形状大小各异的小区域，其中每一个都带有不同的色调，代表着不同的品种。现在的红色在地球上星罗棋布，色调各不相同，从隐约带有玫瑰色的最浅红色到最深最暗的红色。其他三种原色也有同样的现象。在颜色重叠的地方，像紫色这样的合成色也爆发出了覆盖范围更大的色调。

现在我们的地图看上去好像美国画家杰克逊·波洛克①的作品，因为它最明显的特点是上面的各种颜色乱成一团。1907 年的一次统计显示了在美国生长的 600 种棉花品种[2]。估计那一年全世界的品种总数应该从 600 种开始，外加那次统计漏掉的在美国以及全世界棉花的品种数。这一数字肯定会达到好几千，很有可能会更多。由于品种时而出现时而消失，我们将不得不对五千年中的每一年重复同样的工作，才能知道所有曾经出现过的品种总数。请把几千种颜色的色调混合到一起，这只是为了不吓到人们而拿出来的一个较低的数字。我觉得，对于五千年的品种地图来说，我们需要的色彩渐变图案数量比这个数字还要多好几个数量级。

让我们再次使用地图的时间—动画特性。我们可以看到，原色的色调涨涨落落、四下跳跃、以新的品种出现以及消失不见。1880 年的美国农业统计显示了 58 个存在的品种。15 年后，只有 6 个还普遍存在，这一数目到 1936 年减到了 0。大部分已经灭绝了。1895 年的统计显示，田地里生长着 118 种品种；到 1925 年人们只使用其中的 2 种。在 1907 年生长的 600 多个品种中，到 1925 还有 9 种在广泛生长，只有 25 种逃脱了灭绝的命运[3]。

这一实验的重要意义在于，强调了驯化物种内存在的庞大数量的变异。

---

① Jackson Pollock，又译杰克森·波拉克（1912 年 1 月 28 日—1956 年 8 月 11 日），是一位有影响力的美国画家、抽象表现主义运动的主要人物，以其独特创立的滴画而著名。——译者注

这种变异既是有意识进化的原料也是其产品。说它们是原料，是因为选择需要变异来进行；说它们是产品，是因为人们运用了许多技术来改善它们。

尽管本章强调人类的意愿，但牢记一点：在大多数时间里，人类依赖其他物种产生变异。选择某种特性或许是我们决定的，但这种特性只能源于其他物种身上。我们研发了几种创造变异的技术，例如突变形成等，但与自然造化相比，这些技术的影响可以说微乎其微。

现在我们讨论人们为改变种群特性而想出的方法。还是以用棉花作例子。人类驯化了四种棉花，这是今天大家普遍接受的说法（过去的分类法把各个品种分为了更多的物种）。但在历史上，很少有棉花种植者、商人、消费者甚至培育者知道或在意他们手头上棉花的物种。他们在意的是这一作物的质量及其产品，而比起物种的名字，品种的名字为他们提供的信息更多。即使我们希望确定许多历史上出现过的品种的物种，我们也无法确定，因为它们消失了，没有留下任何分类学家需要的证据来对它们进行分类。而且，物种通过杂交，可以大量繁殖后代，因此，弄清楚棉花的进化，意味着围绕品种来探究我们的观点。首先看一下影响达尔文遗传三大关键元素——选择、变异和遗传——的技术。

棉花栽种者和培育者使用的一种选择技术是**选取**（又称**选择**），也就是选择带有人们所希望的特性的个体作为培育基体。我们曾在第三章中见到了偶然性选取的例子，但人们也会有意识地进行选取。早期的美国高地棉品种之一就是以这种方式出现的。在一块波伊德先生拥有的田地中，一株棉花就是该品种的祖先，人们称它的后代为波伊德棉。到了 1847 年，密西西比州广泛种植波伊德棉[4]。

另一个戏剧性的例子是在 19 世纪末，发生于棉花枯萎菌在美国东南部肆虐之后。海岛棉产业的幸存在很大程度上应该归功于南卡罗来纳州圣詹姆斯岛上的一位棉花种植者，E. L. 里弗斯。他在自己的田地里穿行，寻找没有被枯萎菌击倒的棉株个体。里弗斯确实发现了这样的一棵棉株并采集了它的种子。第二年他把这些种子种在受到病菌严重感染的土地上。这棵棉株的后代存活了，但产出的纤维质量较差。于是里弗斯进行了第二次尝试。他采集了另外一株未受枯萎病菌感染的个体的种子。这棵棉株的后代产出了优质纤维，于是便诞生了以里弗斯命名的新品种。美国农业部从里弗斯那里购买了种子，并把它们分发给了其他海岛棉种植者。就这样，海岛棉通过经典的达尔文方式实现了一次进化。一个继承得来的特性让某些植株生存并繁殖，而不具有这一特性的近缘都死去了，存活的下一代则带有生存者的特性。种群进化了[5]。

第二种技术是**系统选择**，也叫**培育**与**选择性交配**，因为培育者选择带有人们所希望的特性的特定雌性和雄性交配。培育者可能会在某个已经存在的物种内选择交配个体，或者让跨越不同品种的个体交配，甚至让跨不同物种的个体杂交。19 世纪中叶，密西西比州格林维尔市的约翰·格里芬就用这种方法创造了广泛使用的格里芬品种。20 世纪，职业培育家普遍使用选择性交配。培育动物是让特定的雄性与雌性配对，而异花授粉的植物（例如棉花）可以将不同品种的植株贴近种植，例如可以隔行栽种[6]。选择性交配在今天的重要意义很难过高的估计，因为正是这一技术让大多数人的食物供给跟世界性污染同步前进。

几百年来，科学与工业在进化中的作用日益重要。黛博拉·菲兹杰拉德追踪了玉米培育在美国的兴起过程。在 19 世纪，农民通过保留最好的种子在来年耕种来改善玉米。自从政府与工业科学家到来之后，中心控制者就从农民变成了科学家。根据他们自己以及农民们的意愿，这些科学家一改传统的开放式传粉培育，转而使用新的杂交方法。因为杂交并非"纯育"，所以农民必须每年重新购买商业化的种子。这就让玉米的性质发生了重大改变。1933 年，有 0.4% 的美国玉米栽种面积使用杂交良种，而到 1945 年，使用杂交良种的比率剧增至 90%[7]。

　　农村社会学家杰克·克罗彭伯格认为，推动培育的最重要动力是资本主义。他在《首先是种子》一书中提到了导致 1492 年至 2000 年资本主义向植物生物学渗透的三个原因：政治经济（即商品化、制度）、劳动分工和世界经济（即种质转移）。克罗彭伯格指出，人类通过传播、培育和创造生命形态造成植物的进化。传统的植物培育是"应用进化科学"。运用如遗传工程等新的生物技术，人类开始在物种间转移基因，超越进化。结果是，基因变成了一种资产形式，从而进一步推进了商品化和财富的积累[8]。

　　培育的重要意义远不止在农田范围。地缘政治通常让人想到的是国家领导人、军队、同盟和战略资源；很少有人想到植物培育。有遗传学背景的环境历史学家约翰·帕金斯对这一观点提出了挑战。帕金斯认为，在冷战时期，无论穷国富国都把增加食物生产视为它们的自身利益。穷国领导人担心，如果食品供应不足以应付人口增长，就可能会因购买进口食物而导致硬通货的流失，从而滋生反对当前政权的革命的气息。富国领导人担心政治与经济的不稳定、敌对意识形态的蔓延和反苏同盟的削弱。通过对小麦进行个案研究，帕金斯说明了这些担心如何推动富国和穷国出资赞助一项计划；该计划用转移种质来迅速提高小麦产量。一场绿色革命能对抗红色革命[9]。

　　培育也造就了社会的历史。文化与环境社会学家哈利耶特·里特沃在《动物财富》一书中认为，维多利亚时代的人们利用动物培育来解决阶级困扰。在工业化扭曲、僵化了英格兰的阶级结构之际，培育者为马和狗创造了精细的社会系统，这些系统以显贵的阶层为基础，到处点缀着名贵族裔和族谱。公开发表的培育标准和公众展览在一个动荡的世界中创造了有序和可预测的安全小岛。与此同时，展览会为处于社会底层的培育者们提供了少有而又珍贵的机会，让他们有可能与所谓社会精英们进行竞争并取得胜利[10]。

现在让我们讨论有意识增加变异的行为。**杂交**就是其中之一，在讨论选择交配时已经提到过。不同品种或物种间的个体杂交可以产生奇异的特性，因此在这种情况下，培育者们同时影响了选择和变异。最著名的杂交例子来自玉米。培育者通过两种高度近亲繁殖品系间的杂交，开发了高产的品种，也就是通过两个品种的交配，他们创造出了与父本与母本都不同的第三个品种[11]。

另外一个增加地区变异的方法是异地转运，就是将作物品种从一个地方运往另一个地方。19 世纪 30 年代，密西西比州维克斯堡的 H. W. 维克在生长贝里克利尔棉的田地里进行选取，创造了一种名为杰思罗的棉花品种。1846 年，他把种子寄给了佐治亚州亨德森市的 J. V. 琼斯，杰思罗棉在那里变成了琼斯长绒棉和六橡棉的母本[12]。异地转运也可能发生在几个大陆之间。19 世纪 50 年代，一位德国人从阿尔及利亚把棉花种子寄给了他在佐治亚州的兄弟。这些种子在那长成的植株变成了许多其他重要品种的母本。异地转运不需要直接通道。来自阿尔及利亚的棉花与墨西哥大铃品种类似，或许就是它们的后代，因此转运途径或许是从中美洲到阿尔及利亚再到北美洲。美国联邦政府也从其他国家进口种子，并在 19 世纪注重于引进棉花新品种。20 世纪，它的关注重点转移到了培育美国已有的品种[13]。

从其他地方转运品种听起来很容易，但进化的实际情况使这些工作比想象中要艰难得多。当地的环境时常与原来国家相去甚远，因此新品种的命运只有两种情况：一是在新地区**灭绝**。这些植物经常无法生长、或者生长情况欠佳、或者获得的特性与祖先的特性大相径庭，导致进口者放弃这些品种。二是**适应**。在适应环境的过程中，农民或者研究人员种植某一品种，从表现最佳的个别植株上收集种子，下一年使用这些种子，之后又周而复始地重复这一过程，直到该品种的表现最后超越本地竞争者。然后推广这一品种[14]。

我们可以看到，这两种过程都在美国南部种植埃及棉的过程中起到了作用。第一种作用是战争的副产品。在美国内战期间，美国联邦政府切断了美国南部港口的棉花出口通道，从经济上沉重打击了南部邦联。英格兰纺织业界鼓励埃及等其他国家填补这一产品短缺。埃及人生产了与新大陆海岛棉品种相同的高质量海岛棉，纺织厂主逐步喜欢上了这种称为埃及棉的品种。1867 年，美国试图夺回部分市场，于是从埃及进口了种子，在传统的产棉地带种植。人们进行了不懈的努力，但最终还是失败。美国农业部在五年间进行了 50 次试验，最后只得在无奈之下任由该品种在美国灭绝。这一失败让美国农业部在 20 年间不再关注埃及棉花品种[15]。

经济支持重新点燃了努力之火，这一次，埃及品种成功地适应了环境。1890 年前后，从埃及进口的棉花价格上涨，这让美国纺织业界奋力争取进行更多的研究和国内生产。美国农业部在产棉州尝试种植了最常见的三种埃及棉花品种，这一努力再度折戟。转折点出现于 1897 年，当时一位负责培育棉花的联邦官员决定在美国西南部尝试种植大量埃及棉花品种。这一地区气候炎热而且灌溉状况良好，与尼罗河流域的环境相似。第一代棉花作物产量不高而且纤维质量较差，但经多年对早熟、高产和纤维质量的选择，人们终于成功地培育了尤马棉和萨默顿棉这两种与埃及母体米阿菲菲棉有较大差别的品种。1912 年，美国农业部向亚利桑那州和加利福尼亚州

76

的棉农分发了尤马棉种子，令棉花产量迅速提高[16]。

但进化并未止于此。1910 年，一位目光敏锐的观察者注意到，相比尤马棉的其他植株，某棵尤马棉植株的纤维更长、更精细、颜色更浅。研究人员采集了那株棉花的种子，然后培育出了一种叫做皮玛棉的新品种。亚利桑那州沙澳河谷地区的棉农觉得皮玛棉似乎比尤马棉更好，因此他们决定，1918 年全部改种皮玛棉。1920 年，皮玛棉的产量达到了 9.2 万包。今天，皮玛棉、埃及棉和海岛棉成为最著名的三大 G. barbadense 棉品种，它们精细、坚韧的长纤维也同时出名[17]。

转运不能增加某一物种的全球基因多样性，但有一种技术——**基因突变**——却可以。当某物种完全没有任何一种人们希望有的特性时，这一技术就可以派上用场。在乌兹别克斯坦，研究人员希望让棉花在一年内非正常的开花季节开花来扩大棉花生长季节。他们把种子暴露在辐射和电磁场中，从而得到了他们想要的基因突变[18]。突变的发生影响了许多基因，不仅限于研究人员们心目中的目标基因，因此这只不过是创造有用品种的第一步。研究人员需要栽种植物至其成熟，看其中哪些植株拥有他们想要的特性，从中取舍，然后就可以在培育计划中使用新的品种。

培育者也依靠**基因重组**来刺激特性的变异。有性生殖打乱了父本与母本的基因并重新组合，赋予后代未见于父本与母本的基因组合。新的基因组合能带来新的特性。1998 年的一项研究发现，在美国 89% 以上的棉花种植面积上生长的栽培品种是从有高度亲缘关系的父本与母本那里得来的。但困难之处是如何解释这些具有紧密关系的近缘携带着足以让培育者对种群特性进行实质性改变的变异。研究人员的结论是："最小程度的重组可以造成足够的基因变异，这让培育计划得以进行[19]。"

培育者们有时候在不同物种或属的个体之间重组基因。皮弗洛牛，八分之三的美洲野牛（拉丁学名 Bison bison）血统和八分之五的家牛（拉丁学名 Bos taurus）血统形成了有生殖能力的后代。皮弗洛牛的培育者们确认了该品种身上许多与纯种家牛不同的特性，其中包括较低的繁殖费用，以及食用更广泛的饲料和植被的能力[20]。

最引人注目的增加变异的新技术是**遗传工程**，即利用生物技术在个体之间转移基因。遗传工程与传统的培育方法之间的最大不同是在分类组间转移基因的能力，没有这一能力，就无法培育出有生育能力的后代。培育限制了培育者，使他们只能得到异血缘交配种群拥有的特性。与此形成对照的是，遗传工程可以得到培育者手中掌握的一切物种可以生成的特性。遗传工程甚至可以跨生物转移基因，例如可以把动物的基因转移给植物。由于从某种萤火虫那里得到了冷光基因，烟草现在可以在黑暗中生长。遗传工程对进化的影响在未来只会进一步增加。这种技术在如此年轻的阶段就对地球的改变如此之大，实在令人惊叹。2010 年，在美国经遗传工程改造过的农作物中包括 93% 的黄豆、78% 的棉花和 70% 的玉米[21]。

为了了解这一控制进化的新方式，不妨让我们更深入地探究一下棉花的遗传工程，特别是它与公司目标的重合。遗传工程让棉花研究人员得以结合两种虽然互补但却有明显差别的策略以防治病虫害。培育者很早就通过改变作物的特性来使植物适应环境；而杀虫剂研究者则通过改变环境让环境适应植物。当孟山都的研究人员把一种细菌（苏云金杆菌，拉丁学名 Bacillus thuringiensis，简称 Bt）上的一种基因移植到棉花上时，这两种策略便合并了。这种基因能够发出毒害昆虫的化合物的指令。这样，棉花作物便能够自行生产与喷洒除虫剂，这就同时达到了减少病虫害和降低除虫剂使用量的目的。这些研究人员通过改变棉花种群的特性（这是培育者的策略）改变了棉田的生态（这是除虫剂研究者的策略）。

78

　　这些引发了棉花的迅速进化。1996 年，孟山都开始销售一种 DNA 内引入了 Bt 基因的棉花品种——保铃棉。它可以抗御棉铃虫、棉红铃虫和烟草夜蛾幼虫。美国环保署的一项研究发现，与种植其他棉花品种的棉农相比，种植保铃棉的棉农不经常喷洒农药，1999 年总计少用农药 160 万磅。孟山都后来又研发了保铃棉 2 号，它带有第二种 Bt 基因，使它除了能够抵抗保铃棉能够抗御的病虫害之外，还能抗御甜菜夜蛾、草地贪夜蛾和大豆尺蠖。美国陶氏化学公司研发了一种带有类似特性的棉花品种 WideStrike。当农民们种植这些转基因棉花时，农田中的大规模高速进化时代就来临了。2005 年，全世界转基因棉花的栽种面积已达 2420 万英亩[22]。

　　这些公司提高抗虫棉花能力减少农药喷洒量的同时，也利用遗传工程增加除虫剂的使用。孟山都和拜耳作物科学公司分别出售能够完全清除农田内植物的除草剂——农达和利伯蒂。（农药是除草剂、除虫剂和杀真菌剂的统称。）当它们喷洒在有作物的农田时，农达和利伯蒂的效果可谓过分突出，它们灭杀作物跟灭杀杂草一样毫不手软，结果断送了庞大的市场。遗传工程通过让棉花对农药免疫解决了这一问题。孟山都研发了抗农达棉和抗农达弹性棉，而拜耳则研发了利伯蒂链接棉[23]。

　　通过在分类学上的高瞻远瞩和对地理位置的仔细钻研，研究人员研发出成功抗除草剂棉花的农药。农达的工作原理是让一种叫做 EPSP 的合成酶的植物酶机理紊乱。一旦知道农达实际上可以消灭植物界的一切生命，孟山都的研究人员便意识到，他们或许应该跳出植物界，在其他生物界寻找可以让植物抵抗除草剂的基因。抱着找到不受草甘膦困扰的 EPSP 合成酶版本的希望，他们把目光投向了细菌。

　　他们在容易接触草甘膦的地方进行搜索，找到了合适的目标：一家生产草甘膦的工厂的废液流。这种思维方式令人惊叹，废液流具有选择抵抗的能力。研究人员从中找到了一种细菌（土壤杆菌），它们携带着能够抵御农达的 EPSP 合成酶版本（C_4EPSP 合成酶）。他们把这种酶嵌入了棉花的基因组，从而创造出了抗农达棉。同样依赖于细菌基因，拜耳作物科学公司创造了利伯蒂链接棉，但基因来自另外一种物种——吸水链霉菌（拉丁学名 Streptomyces hygroscopicus），其作用原理也有所不同：使利伯蒂起作用的成分草胺膦失活[24]。

创造这些棉花品种对于公司的战略来说是绝妙的。棉花比任何其他农作物需要的农药都多，因此，退出棉花市场对于农达和利伯蒂制造厂商来说具有颠覆性意义。此外，这些品种又迫使棉农从同一家公司购买除草剂和棉花种子。农达与利伯蒂的作用机理不同，针对它们的保护基因也不相同。抗农达棉喷洒了利伯蒂会死，利伯蒂链接棉喷洒了农达也会死。由于不存在交叉抵抗力，这就使每个公司的产品都形成了独立的产业链。如果想要某种棉花品种有抗农达的优点，就必须购买同一公司的除草剂农达，而不是利伯蒂。反之成立。如果想要某一个公司的除草剂如利伯蒂，就必须买同一公司的棉花利伯蒂链接，而不是抗农达。因此，通过遗传工程控制进化，人们就向市场提供了一种控制棉农的强有力的方式。

现在你一定可以想到，当棉农在自己的土地上喷洒了除草剂之后会发生什么：杂草进化了，拥有了对抗除草剂的抵抗力。除草剂制造商极不愿意看到他们自己的产品发生这样的问题，因为这会让他们的市场枯竭。但害虫进化，出现了对于竞争者产品的抵抗力，这对于他们可是好消息，因为这让他们自己的产品有了竞争优势。当杂草对孟山都的农达产生抵抗力时，进化发生了一次对拜耳作物科学公司有利的变化，拜耳作物科学就势而起。他们在自己的网站上贴出了这样的信息："利伯蒂/利伯蒂链接的组合能为你提供与农达草甘膦同等的方便、轻松和成本效益。但利伯蒂有其独到的非选择化学，这让它免除杂草对草甘膦的抵抗力或免疫力……选择利伯蒂吧，它可以完全取代草甘膦，还有着控制杂草与抵抗力的优点……这是独一无二的选择：不存在任何已知的抵抗力。"[25] 其中明显的广告词是：以利伯蒂取代农达。而隐藏着的潜台词是：选择利伯蒂也就意味着选择利伯蒂链接棉花品种。

80

转基因农产品引发了激烈的辩论。辩论的一方是种子公司、科学家和支持使用它们的农民。对于公司来说，转基因种子能让它们在市场竞争中占据优势。公司代表们也谈论着更崇高的目标，特别是增加全球食物供给和减轻疾病负担。尽管经济利益无疑是因素之一，但我们没有理由怀疑这些人改善世界命运的真诚愿望。对于棉农来说，这些棉花品种能让他们有机会减低病虫害造成的损失，增加产量和收入。棉农们也看到了抗病虫害作物能够减少使用农药，从而有潜力节省金钱、保护工人健康和保护野生动物[26]。

与此对立的一方是激进分子、非遗传方向的科学家和农民，还有消费者。他们因为多方面的原因反对遗传工程，其中包括伦理学、经济和健康方面的担心。在此我们仅仅着重探讨一个方面：担心进化产生抵抗力。在孟山都开始寻找能够杀灭害虫基因前很长一段时间，不使用化工产品的农民便依赖苏云金杆菌，把它作为化学农药的生物替代物。他们成功调制了一道细菌汤，通常是在他们发现害虫太多，感到担心后喷洒在作物上。美国政府在控制舞毒蛾时在国内进行的航空喷药的计划也愿意使用苏云金杆菌，因为它能杀灭蝴蝶和蛾子，但对鸟类、鱼类或哺乳动物无害[27]。

把苏云金杆菌的基因嵌入植物的想法让苏云金杆菌的鼓吹者惊惶失措，因为这个想法有让这种有用的工具一蹶不振的危险。苏云金杆菌的使用者知道病虫害化学控制法的历史，其中害虫对人们使用的每一种化学剂都进化形成了抵抗力。而且，夏威夷小菜蛾已经进化形成了对苏云金杆菌的抵抗力，更说明这种危险可能会变为现实[28]。他们担心，苏云金杆菌基因在植物身上的广泛使用将会加速这一效应，让喷洒苏云金杆菌活体归于无用。作为回应，政府和公司制定了一项控制进化产生的抵抗力的计划。该计划的特点是，在有抵抗力的植株附近栽种敏感的棉花品种。这些易受感染的植物不会对病虫害中的抵抗力进行选择。以这两种棉花为食的害虫交配时，以易感染植物为食的害虫将稀释抵抗力基因，减慢进化[29]。

现在我们可以预测之后发生的事情了：转基因作物传播之后，它们选择了抵抗力。印度棉农自 2002 年开始栽种经过基因改造的棉花，到 2009 年已达播种面积的 83%，也就是 830 万英亩。2010 年，孟山都宣布，在印度的棉红铃虫（拉丁学名 Pectinophora gossypiella）种群已经通过进化获得了对该公司第一代苏云金杆菌棉花商业品种保铃棉的抵抗力。因为印度是仅次于中国的世界第二大棉花生产国，所以这一发展具有全球性重大意义。该公司把这一抵抗力描述为"自然的，也是预料中的"。孟山都手头上有一项解决方案：保铃棉 2 号，有着两种对抗害虫抵抗力的基因。该公司预期，在发生了保铃棉抵抗力的印度古吉拉特邦，90% 的棉农将在 2010 年种植保铃棉 2 号。害虫也会在不长的时间之后进化形成对于保铃棉 2 号的抵抗力[30]。

这一计划或许奏效了，因为农田统计尚未发现有抵抗力的种群[31]。但我不得不预言，这些计划无法避免抵抗力的产生，特别是我们知道棉花害虫携带着抵抗力基因[32]。

现在让我们不再讨论扩大变异的努力，转而讨论缩小变异的努力。一旦培育者创造了一个他们喜欢的品种，他们通常会尝试缩小其遗传变异来让其达到纯育，繁殖与父母极为相似的后代。传统的培育是通过近亲繁殖，即让近缘亲属（即父母与后代或兄弟姐妹之间）交配实现的。我们可以将近亲繁殖视为抽样效应（见第三章）的一个特例。通过使用数量较小的个体来创造一个孤立的繁殖库，培育者们极大地减少了遗传变异的出现。只要这一品种今后的世代只在内部交配（这是人类试图控制的事情），遗传变异的可能就会一直很小。纯种狗就是一个熟悉的例子。

另一种缩小遗传变异的方法是**克隆**，即通过基因方法创造与父母完全一样的后代。最普遍的一种克隆方法是嫁接，从一棵植物身上截取一小段枝干，让它在另一棵植物上生长，这段枝干将会结出与其父母同样的果实。苹果树栽培者使用的就是这种方法，因为有些树很容易异花受粉，因而通过栽种种子生出来的树木野性比较大。分子生物学的新颖技术可以克隆一些原来无法用这种方法繁殖的物种。绵羊多利是最著名的例子，但研究人员们也克隆了猪、山羊、马和猫[33]。

将人类对于遗传的影响和我们对于选择和变异的影响进行区分是很困难的。试举一例：培育同时影响了选择和遗传。关键要认识到遗传在进化过程中的作用。这为特性代代相传提供了一种机理。因此我们想要把注意力集中在人们影响遗传的方式上，即生物体是如何继承特性的，而不是它们继承了些什么。我们以变异和选择标题下研究的技术开始。

克隆和遗传工程以无性生殖代替有性生殖影响遗传。克隆可以让有性物种把它们所有的基因传递给每个下一代，而不仅是允许性生殖的那一半。下一代包含了母本的基因复制物，这是有性生殖无法达到的。克隆技术无论是依赖嫁接还是分子生物学，这种模式都是正确的。克隆绕过有性生殖缩小了变异，而遗传工程则通过增加变异绕过了有性生殖。这一技术甚至能让个体从不是同一生物界的生物体那里继承特性。下一代包括了一些个体与种群，它们带有同一物种在以前各代中从未出现的遗传特性。

　　另一种生成变异的方法是基因突变，也可以说是改变遗传的一种方法。通过让一些基因无法工作或改变一些基因，基因突变可以阻止后代继承某些特性。与正常生殖创造出来的下一代相比，在基因突变产生的下一代中，带有某些特性的个体数量会少一些。基因突变也能使下一代获得它们的父母所不具有的特性，让以后的世代出现它们的祖先没有的特性。

　　科学家也通过绝育改变遗传。在荷属安的列斯群岛的库腊索岛上，螺旋蝇是家畜的祸患。昆虫学家决定通过绝育来控制这一病虫害。他们用光照射了蝇卵，除了让雄性蝇丧失了生殖能力之外这似乎别无伤害。研究人员让这些卵孵化，然后把成虫放归野外。绝育了的雄蝇与正常的雄蝇以相同的比率与雌蝇交配，但只有正常雄蝇能让卵孵出幼虫。大量放归的绝育雄蝇让雌蝇生下了如此多的不育卵，以至于螺旋蝇在该岛绝迹。于是，在这个例子中，研究人员通过增加基因突变导致的特性（雄性不育）的频率影响了一个种群的特性（并最终根除之），从而影响了遗传[34]。

　　通过改变特性导致根除物种，这让我们开始讨论有意识进化的胞弟——有意识灭绝。根除与灭绝之间的差别在于规模。根除是在一个地方消灭某一物种，也可以称为局部灭绝。单纯的灭绝指的是物种在整个地球上的消灭。以任何其他名字命名的生物体集合如品种、属、科等也都可以灭绝。有意识进化和有意识灭绝是堂兄弟，这是因为它们有着共同的祖先：意向性。它们的区别是，有意识进化的目的是改变物种的特性但让其存活，而有意识灭绝的目的是通过完全消灭物种而消灭物种的特性。与死亡终止生命的方式一样，灭绝终止了进化的过程，因此，灭绝属于进化史等同于死亡属于一个人的生命过程。

　　有意识灭绝的最好例子是消灭天花的运动。与螺旋蝇的情况相同，这一运动依赖于停止目标物种的生育。但二者的机理是不同的。在天花这一案例中，研究人员改变的是宿主的特性而不是病虫害的特性。牛痘是一种与天花相关但症状要轻得多的病症，感染了牛痘的人类会以某种方式调动自己的免疫系统，结果也获得了对天花的抵抗力。全球接种疫苗的努力非常成功，所以世界卫生组织于1980年宣布，这一疾病已经灭绝。更准确地说，这一疾病已经在非实验室环境下灭绝了，因为医学与军事实验室中还保留着活体天花病毒。许多人也在强烈要求清除这些样品，但研究人员从实际角度和道德考虑（我们真的有权力把一个物种从地球上彻底毁灭吗?）出发坚持保留这些样品。而且，这一疾病看上去在非实验室环境下也还存在，因为它后来又出现了，但是当然了，这一运动已经非常接近于终结这一物种[35]。

本章说明了人类研发的一批能够有意识影响进化的技术。偶然进化通常通过影响选择发生，但有意识进化不但影响选择，也影响变异和遗传。我们不应将有意识误解为完全的控制。除了最近的几个例外，这些进化的发生都是由其他物种首先发生了变化，而后人类才有意识地对其加以利用。当然，人类的行为也导致了非本意的后果。尽管如此，以下原则依然有效：无论人们是否考虑到了这些方面，但人类历史的很大一部分就是在努力控制进化。

第八章

共进化

　　共进化的理念起源于进化生物学，用来描述传粉媒介和植物发展间相互高度契合程度的过程。为什么蜂鸟的舌头长度刚好够得上花蕊，而花筒的长度刚好能使蜂鸟的头碰到花粉颗粒，从而让花粉颗粒被蜂鸟传送到它下一站将要飞去的植物上？于是人们就有了这样的想法：这两个物种一直在相互影响下进化；生物学家称这一过程为**共进化**。如果蜂鸟的舌头在进化过程中变得更长，让自己的头不必与花粉接触，这就在带有较长花筒的花中形成了一项选择优势，而较长的花筒又会使蜂鸟的头部重新扫刷花粉的茎秆，然后以此类推，使得花筒和鸟舌都随着时间的进程而逐渐变长[1]。

　　本章的论点：人类种群与其他物种的种群存在着共进化关系；即人类的一个种群引起了其他物种的种群的特性变化，而这些变化又转而重塑了人类种群的特性，以此类推。因为我们一直在本书中强调遗传进化，所以作为开始，我将举出与人类的两个遗传特性进化有关的例子：浅色皮肤和乳糖耐受性。之后将讨论与文化有关的进化和共进化的另一种思维方式。

在生活中，大部分情况下我的一天都以跑步开始，我会穿着最适合气温的服装，所以我在夏天穿的是汗衫、短裤、短袜和鞋子。这种装束让许多皮肤裸露在外，有助于让我保持凉爽。我早上起来第一件事就去跑步的动机之一是我可以自由自在地穿这么少的衣服。我的皮肤颜色偏浅，容易被日光灼伤，而清晨的阳光较弱，不会伤害我的皮肤。中午跑步时我的穿着会有所变化。我会戴上一顶帽子，穿长袖衬衣或者涂上厚厚的一层防晒霜。我的妻子在她 13 岁那年亲历她的父亲死于黑色素瘤，阳光对皮肤造成的伤害便在她心中留下了不可磨灭的阴影。我天生有浅色多雀斑的皮肤，这种皮肤对于阳光的伤害最为敏感，小时候我的皮肤经常被日光灼伤。

并非所有人都有同样的问题。我们认识一家人，他们的皮肤有各种不同的颜色。非裔美国人的父亲有着深色皮肤，高加索白人的母亲有着浅色的皮肤，他们的四个孩子肤色介于二者之间。单从肤色考虑，父亲罹患黑色素瘤的危险性最低，孩子们的危险性中等，而母亲的危险性最高。父亲可以享受阳光照射长达几小时，而同样强度的阳光几分钟就会灼伤他妻子的皮肤。我嫉妒那位父亲和他的孩子。因为我喜欢在户外活动，而保护我不受日晒影响的衣物太热、太粘皮肤，防晒霜又弄得人身上脏兮兮的。

既然浅色皮肤有这么多劣势，那它为什么还会存在呢？这是一个让许多人感到诧异的问题。从小到大，我身边有许多浅色皮肤的人，但在我的记忆中，他们从来没有谁提出过这个问题。浅色皮肤似乎是正常的，人们很少会对正常现象提出质疑。某些社会力引导我们不去接触这一问题。笃信圣经的创世论信徒们相信，上帝创造了人，人们生而如此。我所看到的每一幅亚当和夏娃的画像上，他们具有浅色皮肤，这暗示着我们所有人都是浅色皮肤人的后代。种族主义者相信，浅色皮肤的人优于其他肤色的人[2]。

但浅色皮肤是正常的吗？正常的含义之一是"最普遍"。大多数世界人口拥有所谓黑色或棕色的皮肤，因此认为浅色占多数是正常的，这一理念无法成立。正常的另一个含义是"标准的"，也就是除此之外一切其他被认为是标准物之外的变异。对于皮肤来说，最接近于标准的肤色应该是第一批人类的皮肤的颜色。只怕那些亚当与夏娃肖像的作者必须进行补习了。所有人类的共同祖先来自非洲，那些先祖们的皮肤几乎可以肯定是深颜色的[3]。我们也用正常来指某些能够指望它有效工作的事物。我们已经看到，在夏洛茨维尔，深色皮肤在保护人们不受日光灼伤方面比浅色皮肤的表现更好，因此，浅色皮肤干起活来似乎并没有其他颜色那么出色。

从"普遍"这个意义上说，在所有暴露于明亮日光下的物种中，深色皮肤也是"正常"的。皮毛和羽毛保护着大多数哺乳动物和鸟类的皮肤，但许多物种的脸、手和脚等都有未受遮盖的小片深色皮肤。暗色来自黑色素，是由表皮内的特殊细胞形成的。一批基因控制着黑色素的形成，它们的调配解释了孩子的肤色介于父母的肤色之间的原因。而如果这是由单一基因控制的，我们看到的就会是两种不同的状态，或深或浅，而不会出现中间色调。暴露于阳光之下也会促进黑色素的生成，被称为晒黑[4]。

既然要根据所有这些标准，那么浅色皮肤看上去都是不正常的。这一点似乎需要些解释。第二次世界大战后进化生物学家对优生学避之不及，他们避免谈及有关种族的问题。但最近我们已经看到了一大批发表物的涌现，它们对肤色做出了一个可信的解释。这一解释与上等下等无关，而是认为肤色是对特定气候的适应。适宜于某种气候的颜色在遇到其他气候的时候会发生麻烦，反之亦然。

让我们先看看深色皮肤的优越性。黑色素能够屏蔽损害 DNA 并可能引起黑色素瘤的紫外线。黑色素瘤可能是也可能不是由一种强有力的选择推动力形成。这种疾病通常在个体生育后代之后致病，这就减轻了它对生殖和特性遗传的影响（这些是遗传进化的需要）。但它可能具有选择影响，因为人类在性成熟之前依赖父母生存。爷爷、奶奶、外公、外婆也参与了孙子辈的生存，所以他们的存在也会提供选择优势[5]。

黑色素的另一个优势是阻止紫外线照射破坏皮肤中的维生素 B（即叶酸）。细胞需要叶酸来制造红细胞并制造、修补 DNA，以及执行 DNA 的指令。分裂迅速的细胞大量存在于生殖器官和胚胎中，它们大量消耗叶酸。叶酸短缺可以造成生育缺欠（例如神经管缺损）和精子产量降低。这些问题会大大减少生育，因此叶酸不足就变成了一个强有力的选择[6]。所以，在强烈的阳光下，深色皮肤相对于浅色皮肤是一项强有力的选择优势。

既然深色皮肤具有这些益处，那为什么还会通过进化产生浅色皮肤呢？浅色皮肤拥有一项明显的优势：它能够比深色皮肤产生更多的维生素 D。维生素 D 是阳光之子。植物和动物都能够生产它，但只有在阳光下才行。黑色素屏蔽了刺激维生素 D 合成的紫外线 B，因此要生成足够的维生素 D，深色皮肤的人所需的光照可能是浅色皮肤的 20 倍。维生素 D 对于骨骼的形成、新陈代谢的控制、癌症的抑制和细胞的生长起着重要作用。缺乏维生素 D 会因妨碍吸收钙和磷而引起佝偻病（该病症的特点是小、弱、弯曲的骨头）（图 8.1）。患有佝偻病的妇女骨盆较小，生育时比较困难，生出的婴儿也有佝偻病。因为维生素 D 短缺损害生育，所以自然选择很可能在光照不足的地区偏爱浅色皮肤的人[7]。

因此，一项合理的假说是肤色的进化是作为一种平衡产生的。一方面，自然选择偏爱深色皮肤以防止叶酸短缺（可能还有黑色素瘤）；另一方面，

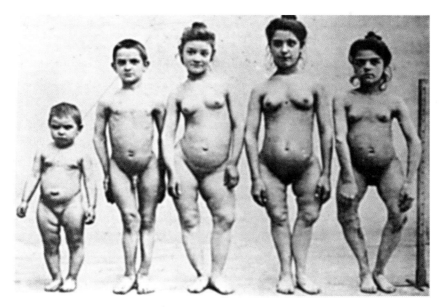

图 8.1 佝偻病可能是产生浅色皮肤的原因 这种疾病妨碍骨头的形成，其中包括骨盆，这就对生育造成了困难。佝偻病是维生素 D 不足的结果。当暴露于阳光下，浅色皮肤制造维生素 D 的速率高于深色皮肤。在光照缺乏的北欧，浅色皮肤的人罹患佝偻病的可能性低于深色皮肤的人，于是具有一项选择优势。19 世纪与 20 世纪的城市化与工业化大大减少了日光照射，以至于连浅色皮肤的人也会罹患佝偻病。照片摄于 1900 年巴黎，图中五位是患有该病的兄弟姐妹。（照片来自美国国家医学图书馆，医学史馆藏，编号 139481）

它也会因浅色皮肤能增加维生素 D 的生成而偏爱浅色皮肤。人类在非洲进 88
化，那里强阳光照射时间长，因此保护这种损伤很重要。阳光十分充足，
充足到即使存在着大量黑色素，足够的紫外线还是会进入皮肤，促成维生
素 D 的生成。在接近两极的地区情况则完全相反。阳光不足减低了皮肤癌
和叶酸缺乏的威胁，同时增加了获取紫外线生成维生素 D 的需求。这种环

境偏爱浅色皮肤。对于生活在非洲和两极之间的人们来说，我们可以预言，从赤道向两极人类的肤色逐渐变浅[8]。

这一预言有数据支持。长期生活在某一特定地区的人们的肤色与当地接受的紫外线辐射量之间存在强相关性。太阳辐射越强，当地居民的肤色就越深。太阳辐射越弱，当地居民的肤色就越浅。在辐射强度中等的地区，当地居民的肤色具有中间色调。而且，在所有地区的居民中，妇女的肤色普遍低于男性。这与妇女在妊娠期与哺乳期需要更多的维生素 D 和钙相吻合。性选择可能也在其中扮演了一个角色。男性可能更愿意与皮肤较浅的女性做爱，或者说女性更愿意与肤色较深的男性做爱[9]。

在自然选择下肤色的进化是一种平衡，这一解释很有吸引力，但你可能从中窥见了一颗或隐或现的地雷：生活在最南部和最北部的人们应该有最浅的肤色，但生活在北极的因纽特人的皮肤却是棕色的。他们是怎样保持健康的呢？回答是食物。尽管人类需要维生素 D，但我们并不一定需要自己生成。我们的身体乐于吸收植物与动物生成的维生素 D。海生哺乳动物在因纽特人的传统食物中占据重要地位，它们提供了大量的维生素 D。近来发生的事件也支持这一解释。那些改变了传统饮食结构而食用超市食品的因纽特人现在患上的维生素 D 缺乏症属于世界上最严重的病例之一[10]。

像这样人们可观察到的现象让卢卡·卡瓦里-斯佛尔扎在 1972 年假定，改行从事农业而造成的营养缺乏在欧洲人身上产生了有利于浅色皮肤的选择优势。根据遗传学家的计算，欧洲的浅色皮肤等位基因是在五千三百年到一万二千年前发展起来的。大概就是欧洲人转而从事农业的时间。很有可能在成千上万年前，欧洲人在自己身上进行了几十年来因纽特人尝试的实验。只要他们还继续从事狩猎与采集业，欧洲人就能从野生植物和动物身上摄取足够的维生素 D 来保持健康。随着农耕时代的到来，食物结构变窄，切断了许多保持健康的渠道，从而形成了过去从未有过的浅色皮肤的选择压力[11]。

89

如果这一假说是正确的，那么这就是共进化的一个例子。如果我们把发生的步骤按时间顺序列表，我们就能更清楚地看出这一过程的来龙去脉：

· 某个人类种群通过进化形成了一系列特性。人类在非洲进化形成了深色皮肤，他们向欧亚大陆迁徙。他们可以通过猎取野生动物与采集野生植物满足自己对于维生素 D 的需求。

· 人类的行为改变了其他物种种群的遗传特性。人类对野生动植物的驯化降低了家养物种的维生素 D 生成量。

· 在人类的伙伴种群中发生的变化推动了人类种群的进化。家养物种维生素 D 生成量的下降在农民中产生了维生素 D 摄取量不足的现象，他们因而罹患佝偻病。在偶然的情况下，几个人类个体产生了浅色皮肤的基因突变，制造维生素 D 的能力超过了深色皮肤，于是在生育方面提供了一项选择优势。就这样，浅色皮肤在欧亚大陆的人类种群中变得更普遍，而深色皮肤则更不普遍了。对于浅色皮肤最强的选择出现在高纬度地区的农民中，例如北欧人。一项对深色皮肤在防止叶酸损失方面的抵消性选择造成了肤色的纬度梯度。

现在我们可以加上另外一个进化步骤：欧洲人遗传多样性变低。总的说来，遗传多样化较低的种群更容易出现健康问题。最近的研究发现，欧裔美国人携带的有害基因种类多于非裔美国人，这确实是对种族主义者的沉重打击。这一现象的原因尚不清楚，但最有可能的解释是，欧洲人种群勉强挤过了种群瓶颈，降低了遗传变异。较小的种群对于遗传漂变更为敏感，这增加了某些基因版本的出现频率，即使在不存在强有力的选择时也是如此[12]。

　　上述瓶颈可能有好几种发生方式，现有证据尚不足以最终确定方式。一种可能是，浅色皮肤带来的好处大大提高了生存几率。有益的基因突变

90　很少发生，或许只有数量很少的人携带着浅色皮肤的欧洲人特定基因。如果浅色皮肤的优势足够强，那么尽管他们还携带着其他并不那么受欢迎的基因，但寥寥无几的这批人可能是大部分欧洲人的先祖。瓶颈也可能会因为饥馑、疾病或种族灭绝而产生。为数不多的幸存者将传递他们所携带的一切基因[13]。

　　除了可能推动了浅色皮肤之外，农业似乎也选择了直到成年还可以消化乳类这一能力，从而改变了人类的基因。我们的身体在任何年龄下都无法吸收乳糖，而乳糖是乳类中的一种重要糖分。然而婴儿能产生一种叫做乳糖分解酵素的酶，它能把乳糖分解成小肠能够吸收的较小的糖。（请注意乳糖（lactose，是一种糖）和乳糖分解酵素（lactase，是一种酶）在英文名字上只有一个字母的区别，虽然微小但很关键。）断奶之后，大部分人体不再产生乳糖分解酵素，因此如果他们成年后仍旧饮用乳类就会出现头晕、抽筋、肠胃胀气和腹泻等一系列消化问题。这种被称为乳糖不耐受的疾病并没有在我们的进化史中产生任何问题，因为人类跟其他哺乳动物一样，只在年幼的时候吃奶。它也没有给今天的大部分人造成麻烦，因为按照人类文化，成人不吃奶[14]。

　　但目前在有些地方，成年人喝奶也没问题，因为他们的身体还在生产乳糖分解酵素。这种称为乳糖耐受性或乳糖分解酵素存留的状况在北欧和亚洲、非洲的一些地方比较普遍，其中85%或更多的芬兰人、瑞典人和阿拉伯与非洲的一些种群能够耐受乳糖。南部欧洲人具有这种特性的比率处于中间，如西班牙和法国人有大约50%。一些非洲人和亚洲人也是如此。这种特性在具有乳糖耐受性的种群的后裔中也很普遍，如在美国的欧裔美

国人。其他地区则相对稀少；在中国，只有大约1%的成年人具有乳糖耐受性[15]。

　　种群的遗传差异造成了变异。第一项看似有理的假说应该是：不同种群携带的乳糖分解酵素等位基因不同。一种等位基因可能携带着生成乳糖分解酵素的正确指令，而其他的则是错误的指令。但是，就我迄今所知，不同种群携带的乳糖分解酵素等位基因并无不同。因为婴儿依赖奶类生存，强烈选择了带有正确指令的乳糖分解酵素基因，而又由于在人的整个生命过程中基因保持不变（除非发生罕见的基因突变），实际上所有成年人都携带着完美的乳糖分解酵素基因。

　　有证据支持的第二项假说是，人们各自的身体控制乳糖分解酵素基因的方式不同。许多人习惯认为，是 DNA 在告诉身体产生某种特性，如褐色的眼睛或者乳糖分解酵素等。DNA 的许多片段确实是这样做的。但 DNA 的其他一些片段却有一项不同的工作：控制基因的行为。它们就像人类中的经理一样，决定是否把其他人（雇员）雇到某家工厂里工作。

　　人们最终发现，乳糖耐受者和乳糖非耐受者之间的关键差别通常在于，与乳糖分解酵素处于同一 DNA 片段上的一个控制区域。对于大部分人来说，这一片段允许该基因在婴儿期间起作用，年纪稍长就被关闭，且在成人阶段一直关闭，导致乳糖非耐受性。其他人则在这一控制区域中携带着不同的等位基因，他们的等位基因从来也不关闭乳糖分解酵素基因，因此后者在他们的整个成人时期持续制造乳糖分解酵素，造成乳糖耐受性[16]。

　　如果你已经有一段时间没有重温遗传学了，稍微复习一下有助于你理解这些等位基因之间的差别。组成 DNA 的只不过是四个分子，分别以 G、C、A、T 作为简写代称。正如组合 26 个字母可以让我们拼写出成千上万个不同含义的英文单词一样，组合 G、C、A、T 可以让 DNA 告诉细胞进行成千上万种不同的操作。当遗传学家按次序排好了某人的 DNA 之后，他们用这四个字母的一长串字符写出了数据，这些数据的一些部分看上去就像 ATCGGGTTAC。我们可以把这些字母串看成是一句 DNA 语言。基因是句子内的 DNA 单词或者短片段[17]。

DNA 中极小的差别就可以让人同时带有乳糖耐受性和乳糖非耐受性的等位基因。前文提过，只要在一种糖的拼写（lactose）中仅仅置换一个字母，就可以把它改成一种酶的拼写（lactase）。类似地，在一种 DNA 次序排列的拼写中，只要改变一个或两个字母，就可以改变一个基因的功能。在邻近乳糖分解酶素基因的 DNA 控制区域中，乳糖非耐受者在-13910 号位置上的是字母 C，而欧洲乳糖耐受者和他们的后代在该位置上的字母则是 T。82% 的瑞典人和芬兰人、77% 的欧裔美国人、69% 的奥克尼群岛人和43% 的法国人是后者的情况。尽管细胞生物学家还在研究-13910 位置上 C 与 T 等位基因影响乳糖分解酶素基因的准确机理，但已经有几条证据间接支持了这一差别是区分乳糖耐受性和乳糖非耐受性的假说[18]。

但是，在欧洲人中普遍存在的等位基因不能解释所有地方出现的乳糖耐受性。中国北方、撒哈拉以南的非洲和沙特阿拉伯的一些人能够耐受乳糖，但他们很少在-13910 位置上携带字母 T。不过他们的确与乳糖非耐受种群的种群在邻近的 DNA 位置上有差别，即在-14010 号位置上是 G 而非 C，在-13915 号位置上是 T 而非 G，在-13907 号位置上是 C 而非 G。因为在多个种群中，不同的机理可以产生同样的特性，这可能说明，乳糖耐受性在世界上不同的地区至少有过两次进化，即种群至少以两种不同的方式来让乳糖分解酶素在断奶之后继续发挥作用[19]。

为什么会进化产生乳糖耐受性呢？这可能是偶然发生的，然后在小型种群中通过遗传漂变扩散。但其起源至少是两个相互独立的地方，这让人想到，这种特性可能带有选择优势。找到这一优势并不难。乳糖耐受种群带有共同的**文化特性**：它们都有乳品生产的历史。能够消化牛奶或骆驼奶会增加种群获取蛋白质、卡路里和钙的来源，这在收成不好的情况下尤为可贵[20]。

时间上的巧合为选择假说提供了进一步的支持。对遗骨进行的检测表明，新石器时代早期欧洲人的 DNA-13910 号位置上并不存在 T 型等位基因，因此，欧洲人并非一直具有这一特性。与此相反，这一特性的出现时间似乎与家畜饲养的开始时间大致吻合。同样的时间吻合也出现在其他地区的其他等位基因上。因为这一特性在只不过 5000 年至 10000 年之内起源并扩散，其速率之快让人觉得，这种选择可以成为对人类特性最强有力的选择之一[21]。考虑到肤色最浅的欧洲人也具有乳糖耐受性，我不禁想到，对于浅色皮肤和乳糖耐受性的共同选择可能也可能不有助于产生上面提到的种群瓶颈。

总之，似乎人类种群和其他哺乳动物的种群，通过形成乳糖耐受型人类群体和特别类型的家畜的方式，持续地相互塑造对方的基因组成。下面是事件的可能发生顺序：

· 包括人类在内的哺乳动物进化，使婴儿可以消化乳类。DNA 的一个控制区域允许乳糖分解酵素基因在婴儿期进入工作状态，并在年纪稍长时停止这一状态。

· 人类的行为影响了其他物种种群的遗传特性。人类发展了与其他哺乳动物诸如牛与骆驼的密切家庭关系。驯化选择了家养哺乳动物的温顺（一定程度上是一种遗传特性），这一点让人们从家畜身上取乳成为可能。

· 伙伴物种种群的进化推动了人类种群的进化。人类使用动物的乳汁，或许开始是作为婴儿的食物补充。成人和孩童试着喝奶，但对健康有

93

影响，之后便避免饮用鲜奶。在偶然的情况下，某些人类个体的 DNA 发生了基因突变，允许乳糖分解酵素在断奶之后继续保持功能。这些个体在儿童期和成人后继续喝奶；这并没有给他们造成健康问题；他们获得了一项选择优势，增加了蛋白质、卡路里和/或者钙。这项乳糖耐受型人类的选择优势导致这一特性在豢养着产乳家畜的人类种群中扩散。具有类似效果的基因突变很可能也在不豢养产乳家畜的人类种群中发生过，但这种突变并不产生选择优势，反而可能造成了代谢消耗。

· 在人类种群中发生的进化推动了伙伴种群的进一步进化。人们选择生产大量牛奶的乳牛，结果造就了一些独特品种，如泽西种乳牛和根西乳牛。

生物学、人类学和其他领域的学者现在正在研究行为对于人类遗传学的影响。他们确认了一些经历了强选择的基因，他们也提出了一些人类行为的方式；通过这些方式，可以让这些基因中的一部分随着时间的推移而变得更普遍或更不普遍。对消化碳水化合物、蛋白质、脂肪、醇类（当然还有乳糖）有贡献的基因似乎在人类种群中变得越来越普遍，这可能是动植物驯化的结果。能够带来更强健的免疫系统和对群体疾病抵抗力的基因的出现频率增加了，这或许是定居和城市化的后果。随着人类熟食习惯的开始，对大而强劲的下巴的选择放宽了，这或许使小且不那么强劲的下巴的进化成为可能[22]。

学者们也意识到，我们可以从进化的角度研究行为。尽管许多人可能并没有朝这方面考虑，但行为是生物体的特性，因此具有和其他特性一样 94 进化的潜力。通过毛虫结茧的现象，人们可以更容易地理解由基因控制行为这个理念的应用。自然选择应该偏爱那些能够结出保护性强的坚固茧壳的毛虫，剔除茧壳脆弱的毛虫。自然选择之外的机理，如性选择等，也对行为的进化有影响。某些鸟类物种中的雄性如果会唱歌跳舞，就会比做不到这一点的雄性吸引更多的异性。抽样效应和漂变也可能影响种群行为的出现频率[23]。

如果我们观察那些不完全受基因控制的行为时，情况的波动幅度就变得更大了。基因之间复杂的相互作用影响许多物种的行为，且设定的界限通常不清晰。基因并不强迫马按照某个特定途径发展；与此相反，还为它们提供了多种选择。马的基因使它们能够在宽阔的界限之内以多种方式发展，例如，马不能飞（这是一条界限），但它们能走、小跑、慢跑、快跑、游泳。纵观当今世界，我们能够清楚地看到，人类基因也并没有强迫我们以某种方式发展。我们的基因让我们能够从多得令人叹为观止的大批行为中选择，并产生新的行为方式。很明显，控制我们各种行为举止的想法是通过基因以外的机理传递给我们的。我们的基因并没有强迫我用英文写这本书。我之所以这样做，是因为我恰巧生在一个讲英语的文化中。如果我生在法国，我或许会用法语写作。无论用哪种文字写作都不会改变我的基因组成。

有些学者研究出了一些不完全以遗传学基础来分析行为进化的方法（不仅仅是让行为成为可能）。他们指出，行为符合进化的定义，即种群的遗传特性在多个世代中发生变化。行为是生物体的特性。它们是可以继承的，例如通过学习。一个种群内行为的发生频率可以在多个世代中发生变化。因此种群的行为特性便进化了。

但障碍是定义继承的单位。如果我教我的女儿踢足球，我传递的到底是些什么？很显然并非踢足球的基因。或许最好的答案是我传递的是有关如何做某件事的想法。这种描述类似于人类学家为文化所下的定义。人类学家曾把文化看成是将某一社会的所有成员联系在一起的一系列共同想法。

近几十年来，他们逐步将文化视为一种更特殊、更有竞争性、更加多变的
95   事物。他们把文化定义为如何做事的一些想法。同义词包括秘诀、常规、
价值观、规则、法律和指令等等。这一定义将文化（有关如何行为的想
法）与行为（某种行动）区分开来。有关成人应该喝奶的想法是文化的一
个例子，成人喝奶是行为的一个例子[24]。

文化的这一概念让人们可以平行地看待基因和文化、基因遗传和文化
遗传。基因与文化都是由某生物体能够或应该如何做事的指令所组成的。
当生物体执行指令时，二者都导致可见的特性（生物学家称之为表现型）。
二者都源于个体。二者都可以继承，或者从一个个体传递给另一个。二者
都可以复制，尽管有时是不准确的。二者都可以改变并以新的形式出现。
随着时间的进程，在种群中，二者同样时而普遍时而不普遍，时而会消亡。
二者都能以多种形式出现，这些形式携带着用不同方式做同一件事情的不
同指令。如果它们能让携带它们的生物体受益，二者都会更为普遍；而如
果会使携带者受损失，则二者都会变得不那么普遍。二者都可能因为漂变
而在种群中变得更普遍或不普遍，尽管它们并不提供进化优势或劣势。如
果它们的携带者在把它们传递给其他生物体前死去，则两者都可能消失[25]。

为强调这些共同点，作为进化生物学家的理查德·道金斯（Richard
Dawkins）提出了**文化基因**这个术语作为文化遗产的单位。他想用这个术语
来唤起一种模仿与记忆的感觉。他写道："正如基因本身通过精子或卵子从
一个个体跳到另一个个体，并自己在基因库中传递一样，文化基因本身也
通过某种过程在文化基因库中从一个大脑传递到另一个大脑。这一过程可
以叫做模仿。如果一个科学家听说或者读到一个好的想法，他将其传递给
他的同事和学生……如果其他人理解了这个想法，我们就可以说，这一想
法被传递了下去，从一个大脑传到了另一个大脑[26]。"我对于文化基因不是

很抗拒，但我觉得这一概念不比文化的概念清楚。

文化和基因也在一些重要方面存在差别。基因从父母传给下一代，但文化可以在无血缘关系的人中传播，在同一代的个体中传播，甚至可以从下一代传回父母。基因通常在个体的一生中保持不变，但文化在生命过程中有所改变。我们可以准确地把基因描述为细胞内的 DNA 排列次序，但要定义文化的物质基础就不那么容易了。这是一种头脑中的神经活动模式吗？是书页中的词汇吗？我们可以把基因确认为 DNA 中的不连续单位，但要定义文化基因的大小则很困难。它是写在纸上的音符吗？是一首交响乐的整个乐谱吗？或许我们现在用不着对这一问题给出明确的答案。达尔文并不 96 理解基因遗传，但这并没有让他停止研究自己的选择进化论。

无论我们使用哪些术语，人类都明显拥有两种相互作用的遗传手段：基因与文化。当我们看到人类的行为影响了乳糖耐受性的出现频率时，我们也就看到了文化遗传对于基因遗传的影响。如果乳糖耐受性变得更为普遍，那么可能会使制乳业变得更为普遍。于是，基因遗传在此影响了文化遗传。这些想法让我们看到，共进化并不仅仅是两个基因库（不同物种的种群）之间的相互作用，同样也是人类种群的基因库和文化库之间的相互作用。

一个种群的遗传特性和另一个物种的种群的文化特性之间也可能发生共进化。早前有关鳕鱼的例子提供了一个实例：

· 鳕鱼通过自然选择进化，形成较大的身体（基因）。

· 渔民有选择性地捕捞较大的鳕鱼个体（文化）。

· 鳕鱼种群进化出较小的身体，这一点与大量捕捞相结合，减低了种群个体的尺寸和捕捞量（基因）。

· 渔民进而使用较小的网眼（文化）。

· 鳕鱼种群崩溃了。

· 政府禁止捕捞（文化）。

· 禁捕之前形成的向较小鱼尺寸的进化（基因）有可能会阻碍鳕鱼种群在捕捞压力消失之后的回弹。

· 鳕鱼种群的衰退、下降和回弹失利导致渔村的社会变化。村民们的注意力转向捕捞其他鱼种和无脊椎动物，虽然他们在学校里的上学年限比种群崩溃之前更久，但无论如何，他们经历了失业、压抑和向外移民的增加（文化）[27]。

这一序列描述了确实发生的事实，而这些并不是一定要发生的事情。每一次鳕鱼种群发生变化的时候人类都有多种应对选择。他们选择了以某种方式应对，例如通过减小他们的网目，这对鳕鱼种群造成了某种影响，让海里的鱼减少了，个头也小了。人们本可以用另一种方式应对的，例如可以增大网目。这会发生不同的效果，让更多、更大的鱼存活。人们在当下的选择反过来影响了他们下一个阶段的选择，加速了鳕鱼种群的崩溃，这样一来，差不多就只剩下了禁渔一条路了。在海中留下更多更大的鱼可能会让渔业得以延续。

前言中提到的另一个人类种群（以文化方式进化）与其他物种（以遗传方式进化）共进化。如果说或许可以预言在奥哈马的一间医院里发生的事情，这似乎让我看显得很厚脸皮。但我的信心来自于关于病原体对人类生产的每一种抗生素都会进化产生抵抗力的知识。医药界对此的主要应对方式是生产新的抗生素，结果就是一场共进化的军备竞赛。我不确定是哪种病原体感染了我的祖父，但有可能是一种葡萄球菌，即一个很大的细菌种群和菌株集合，对于它们我们将以基因方法处理。梳理人类种群的文化特性与葡萄球菌种群的遗传特性的共进化过程，会发现

· 葡萄球菌种群进化出了生活在人类种群内的能力（基因）。

· 人类种群在 1943 年用盘尼西林对付葡萄球菌种群（文化）。

· 葡萄球菌种群在 1946 年进化出了对盘尼西林的抵抗力（基因）。

· 人类种群用甲氧西林代替盘尼西林来灭杀葡萄球菌（文化）。

· 葡萄球菌种群在 1961 年进化出了对甲氧西林的抵抗力（基因）。

· 人类种群用万古霉素代替了甲氧西林（文化）。

· 葡萄球菌种群在 1986 年进化出了对万古霉素的抵抗力（基因）。

· 人类种群用利奈唑胺（利奈唑酮）代替了万古霉素（文化）。

· 葡萄球菌种群在 2001 年进化出了对利奈唑胺的抵抗力（基因）[28]。

这个例子展现了以偏概全、一叶障目的专断。例如，我们可以写一篇文章，说明盘尼西林是怎样让人们有了征服葡萄球菌的能力。我们同样可以写一篇文章说明葡萄球菌是怎样进化形成了对盘尼西林的抵抗力。两篇文章都是真实的，但都是不完整的。认为人类用盘尼西林治愈了葡萄球菌的感染，这暗示着一场并不存在的永久性胜利；认为葡萄球菌进化了抵抗力，则掩盖了盘尼西林异常但却是暂时的功效。只有在描述了双方各自对对方的影响之后，我们才能明白二者之间的相互关系[29]。

共进化的观点也鼓励我们注意相互作用的远期和重复特性。专注于单向影响除了让我们只了解相互作用的一半以外，也容易让我们缩小研究的时间框架。注意到一两个的相互影响能够增进我们的理解，但还不足以让我们得到关键点。如果我们写一篇文章，就应该包括盘尼西林怎样治愈葡萄球菌感染；葡萄球菌种群怎样进化得到对于盘尼西林的抵抗力；医生们怎样用甲氧西林治愈葡萄球菌感染。尽管我们现在有了三大影响，但其实在本质上，我们与停留在第一影响上，即医生们用抗生素治愈了葡萄球菌感染并无区别。整个故事只不过保留了一个叙述：由于有了科技，人类虽说有着暂时的挫折，但战胜自然是必然结果。

但如果我们扩展我们的研究，含括以上例子的所有九个阶段，我们就会看到一个完全不同的故事。现在我们就必须说，人类与自然一直在相互适应。没有哪一方始终占据上风。

这一结论对差不多所有领域的学者都很重要。学者们解释世界的最常用方法是描述一种事物对另一种事物的影响。科学家和社会科学家清楚地将这一框架以二维图形展示，说明了一个变量（依水平坐标 x 轴画出）对另一个变量（依垂直坐标 y 轴画出）的影响。虽说包括历史学家在内的人文学家不经常使用这类图表，但还是让我们把注意力专注于一维影响上。贩卖奴隶所得到的利润触发工业革命了吗？互联网是怎样影响政治的？第一次世界大战是怎样造就英语诗歌的？阶级斗争是经济变化的主要动力吗？进化史的研究途径鼓励我们持续分析一维影响，但也要追踪随之而来的相互影响。

这一结论对于医学与国家政策具有深刻的影响。如果我们用盘尼西林征服了葡萄球菌，或者用甲氧西林治愈了对盘尼西林有抵抗力的葡萄球菌感染，结束整个故事，人们可能会得出结论，抗生素提供了解决问题的有效科技手段。一项合理的国家政策必然是：我们投入金钱来找出其他抗生素，这样我们就能够消灭细菌感染的疾病。

但如果我们最后的总结是，在过去的历史中表现的是持续进化而不是停滞不前，那么我们可能会得出一个不同的结论。我们可能会坚持到底，通过不断引进新化合物始终领先葡萄球菌一步；这也是一直以来的主要策略。或者我们可能加深对于其他方法的研究。我个人倾向于接受进化是不可避免的这个事实——从地球上出现生命的那一天起，生物体就从来没有停止过进化，它们现在还在进化，而且它们还会进化，直至生命不再存在的那天为止。既然如此，我们面对的问题就不再是像今天寻找抗生素的化学家所希望的如何去停止进化，而是我们怎样才能适应这一情况了。这可能会让我们关注身体上对应于适应病原体的那部分，即免疫系统，并找出我们要怎样做才能把它调动起来的方法。我们的一项医疗方法就是用在这方面的，即接种疫苗，我们可能会把大量的研究工作投入到研发可对抗一系列疾病的新疫苗上去。

如果我们在一个层面上看到了共进化，那么就会鼓励我们在其他层面上寻找同样的东西。正如第四章指出，像病原体一样，昆虫也是适应环境的老手。用化学方法治虫的历史也是一部共进化的军备竞赛史，这并不令人吃惊。这在全球范围内都是正确的，我们不妨用印度作为一个例子。正如我们所看到的那样，第二次世界大战后，滴滴涕燃起了人们根除昆虫引起的疾病的希望。当滴滴涕失去了它对付阿诺菲力滋蚊子种群的功效之后，公共卫生官员们用另外一种杀虫剂代替了它。蚊子种群进化取得了对那种杀虫剂的抵抗力，然后官员们又用另一种杀虫剂取而代之，以此类推。在印度使用过的杀虫剂包括六六六、马拉硫磷和溴氰菊酯。今天，在印度的库态按蚊（拉丁学名 Anopheles culicifacies）种群对所有上述杀虫剂都有抵抗力[30]。

新的抗生素和杀虫剂的引进说明，相对于人类生物学进化的慢速率，人类文化进化的速率是十分迅速的。在这些例子中，所有的变化都发生在人类的一个生命周期内。因为文化可以高速进化，在人类与其他物种的共进化中，人类文化变化的事例多于人类基因变化的事例。这些例子也说明了技术的重要性。人类通过技术增加了他们对其他物种的影响，因此，一项科技成果越有威力、应用越广泛，它能够发挥的选择性就越大。这就意味着，今天的文化的一部分，也就是持续对科技进行更高水平革新的理念，100

几乎可以保证让我们和其他物种的共进化速率持续加快。

这些例子也揭示了一个问题：历史学家习惯把事情的起因完全归咎于人类的进取心。本书的第一个论点，即人类影响了其他物种种群的进化，反映了这种偏见；因为它强调了人类对于其他物种的影响。本书第二个论点也反映了这一偏见，尽管方式比较隐晦。尽管它描述了其他物种的人为进化改变了人类历史，但它结束了一个由人类开始的循环：人类改变了其他物种，那些改变转过来影响了人类的经历。但葡萄球菌和疟蚊的例子说明，病原体影响人类至少跟人类影响其他物种的种群一样频繁。出于这个原因，我在上述共进化次序表中让葡萄球菌走出了第一步，感染人类。

我们也需要认识到，物种的种群在不同的时间与地点以不同的形式出现，那些不同点影响了人类的经历。许多非生物学家认为物种实际上是一样的。除了培育学的学术文献以外，历史学家通常把所有马都看成马，所有小麦都看成小麦。

这种层次的一概而论很多情况下是合适的，但并非总是如此。如果一位妇女在 1960 年受到葡萄球菌感染，盘尼西林可以治愈她。但如果她一年后遭到同样的感染，盘尼西林很可能不起作用，她可能会因病去世。这两次感染可能来自同一个葡萄球菌种群，但如果那个葡萄球菌种群在中间间隔的那一年中进化得到了抵抗力（有些种群确实如此），则 1960 年和 1961 年两个版本葡萄球菌的差别实际上对于病人来说事关生死。

以进化观察文化有许多优点，例如让我们看到种群间是如何共进化的。我愿意看到更多的历史学家追踪时间推移下，这些种类的相互作用。与此同时，这一框架也可能导致一个陷阱。尽管进化涉及变异与机会，但有太多的人（主要是非进化生物学的人）把它视为命中注定的过程。这导致了有关文化和行为的遗传定子的古怪说法。如果后果不是很严重的话，这些说法还是很有趣的。过去，有人援引遗传决定论的论点为种族主义和优生学政策服务[31]。

　　本章强调了种群间共进化的重要性，拓宽了特性概念，含括了那些由文化产生、传播的特性。文化的进化是一个复杂的课题。本书并没有覆盖它的全部维度，也没有勾画出种群间共进化的所有途径。但我们现在已经看到了足够的信息，看到了共进化的历史会怎样改变我们对过去的有些或者大部分改革的理解。我们将在下一章接受这一挑战。

101

102

第九章

工业革命的进化

　　前面的章节主要讨论人类如何塑造其他物种种群的进化。本章则有一个不同的目的：将聚焦于一个例子，并以此来说明进化史如何能够修正我们对于一个被人们广为研究的历史事件的理解。工业革命为我们提供了一个绝佳的研究素材。历史学家认为，工业革命极为重要，它对于人类历史的重大影响仅次于约一万两千年前的农业革命。人们积累了众多的、复杂的文献来解释其起源与后果。大部分文献把工业革命归因于人类和他们的机器，而没有归因于生物学、非人类物种或者进化。进化史为人们用新的眼光看待工业革命提供了一个机会。

　　大部分学者认为，英格兰在 1760 年至 1830 年间经历了世界上第一次工业革命。这一事件把英格兰以农业与商业为主导的经济转变为由工厂与化石燃料为支撑的经济。除此之外，一些其他的变化如城市化、市场扩大、经济发展和社会关系改变等也随着工业化的进程登上历史舞台。在此之后，许多国家也以英国为榜样发展工业，全世界的现代化者都视工业化为经济发展与社会进步的关键。

我们在此不讨论工业革命的所有方面，而是选取其中最重要的部分之一——棉纺织业——作为个案来研究并加以讨论。一些历史学家认为，是棉纺织业引起了工业革命；一些人则认为棉纺织业并非工业革命的唯一起因，而只是多个主要因素之一。这些都只是有关其重要程度的争论；对于我们来说，只要认识到这一产业的重要性就足够了。历史学家把棉纺织业 103 作为一个例子，并从中引出有关工业革命的意义和经验教训，我们也将照此办理。出于行文简单的目的，除非另有说明，本章中用"工业革命"来指代"棉纺织业的工业革命"[1]。

本书的总体假说是，美洲印第安人、新大陆棉花和在美洲诸国发生的人为进化使得工业革命成为可能，而新大陆棉花来到兰开夏郡，成为点燃棉纺织机器发明的燎原烈火的火星。本假说依托于四项命题：第一，人为进化增加了棉花纤维适应纺织的程度，从而促进了工业革命。第二，通过开发比旧世界纤维更适于机器操作的新大陆纤维，在新大陆劳动的美洲印第安人使工业革命成为可能。第三，新大陆和旧大陆的棉花进化形成了不同的特性，部分原因在于其有着不同的基因组。第四，奴隶买卖帮助英格兰选择了新大陆的进化遗传特性，从而促进了工业革命的发展。

简而言之，人们在大约五千年前驯化了四个棉花物种，其中两个在旧大陆，两个在新大陆。美洲印第安人、南亚人，或许还有其他地方的人通过人为选择增加了所有四个物种的纤维长度，但新大陆的两个物种进化而来的纤维长于旧世界的两个物种进化而来的纤维。可能是遗传差异造成的，新大陆两个物种的染色体和基因数量是旧世界物种的两倍，更多的基因意味着有更多的机会形成令纤维变得更长的基因突变，这或许反过来给了美洲印第安人更多的选择更长纤维的机会。

新大陆棉花纤维来到英格兰似乎催化了工业革命的进程。只要英格兰的棉花纤维依赖于来自旧大陆的进口，它的棉纺织工业就会依赖手工纺织来制造纱线与棉布。英格兰发明家在新大陆长纤维棉花到来后不久就发明了纺纱与织布的机器，其原因很可能就在于纤维的长度不同。较长的纤维制成的纱线比较短的纤维制成的纱线更坚韧，新大陆长纤维使得纱线足够牢固，可以经受得住机器操作的苛刻要求，而旧世界的短纤维则做不到这一点。

104 这一假说在多个方面充实了现有文献。首先，它对当前流行的说法——英格兰人发起了工业革命提出了挑战。我认为英格兰发明家们只是对新大陆上美洲印第安人的革新做出了反应。第二，它对当前普遍接受的观点——机械革新引发了工业革命提出了挑战。我认为是植物和美洲印第安人在新大陆所进行的生物变革为英格兰的机械革新创造了前提条件。第三，它为修正主义者的观点提出了新思路。修正主义者强调殖民地对工业革命的重要性，他们认为英格兰必须进口棉花而且工业革命能够开展完全依赖于来自殖民地进口棉花的上涨趋势，这一观点毋庸置疑。但我认为，把注意力集中在棉花进口数量上，这就蒙住了历史学家的眼睛，使他们看不到棉花的质量在其中扮演的关键性角色。经济历史学家们认为棉花纤维都是一样的，可以相互替代，但事实上，纤维间的差别很大。来自新大陆棉花物种的纤维远比来自旧世界物种的纤维适于机器纺线，兰开夏郡对新大陆棉花的进口对于工业化发展至关重要。第四，它为有关奴隶买卖对工业化的作用的争论引入了新观点。这一争论一直主要集中在资本形成（奴隶买卖的利润是否为工业革命提供了财政支持）和对工业产品的需求方面。

我认为，奴隶买卖使得大量新大陆纤维集中在兰开夏郡，因此在工业化中扮演了关键角色。最后，这一假说把工业革命发生的时间和新大陆棉花在兰开夏郡的引入相联系，为工业革命的出现时机提供了解释。

乔尔·莫克将研究工业革命的学者分为四个学派。技术学派的学者们强调发明家和机器的重要性[2]。棉花在这一学派的研究中扮演了重要角色，学者们经常援引类似的关键发明，并且认为这些发明之间通过刺激—反应的方式，一个发明引起下一个发明。1733 年，约翰·凯发明了滑轮梭子，这种装置可以让织工比原来更快地使用手动织机，织布过程的加快增加了对纱的需求，而纺工以传统的手动纺轮进行的生产无法满足这一需求。1738 年，路易斯·保罗取得了一份机器纺纱的专利，但他的装置没能得到广泛使用。18 世纪 60 年代，有两种纺纱机在这种情况下应运而生，并改造了纺织工业，一个是 1764 年詹姆斯·哈格里夫斯的多轴纺纱机，另一个是 1769 年理查德·阿克赖特的水力纺纱机。1779 年，塞缪尔·克朗普顿发明了另一种重要的纺纱机，走锭纺纱机，它结合了多轴纺纱机和水力纺纱机的优点，也因此得名[3]。

纺纱速度提高了，现在织布的速度成了问题。1787 年，埃德蒙德·卡特赖特发明机动织机解决了这一问题。纺织速度的加快增大了对原棉的需求。伊莱·惠特尼发明了一种能让种子与棉花纤维分离的机器——轧棉机，有了这种机器，棉花就不至于短缺，美国南部也成功地变成了英格兰的最大棉花供应地区。正如莫克所言，轧棉机"保证了向英格兰纺织厂提供廉价的原棉"[4]。在此之后，任何人也无法阻挡工业化前进的步伐了[5]。

组织学派强调了工作组织上产生的变化，特别是工厂系统的兴起。保罗·芒图的经典著作和自此之后的其他著作确认了棉纺织业在工厂体系中的先驱作用[6]。宏观经济学派统计了国民总收入和经济总增长方面的变化[7]，这一学派的学者们在研究经济增长时将棉纺织业确认为各业的龙头老大，瓦尔特·罗斯托认为棉纺织业带动了英国的腾飞[8]；R. M. 哈特维尔认为棉纺织业增长惊人，发展到 1830 年，其出口额占全英国的 40%[9]；多纳尔德·麦克洛斯基称棉纺织业为最先进的产业之一[10]；C. 尼克·哈雷以棉纺织品的价格为例来研究工业革命对价格的影响[11]。

社会学派探讨了工业化对阶级和其他社会结构的影响。社会历史学家关注工业化对阶级形成和阶级斗争的影响，卡尔·马克思、E. P. 汤普森和埃里克·霍布斯鲍姆是其代表[12]。阿诺尔德·汤因比和卡尔·波兰尼等作者的经典著作强调了非人性的、竞争的市场在工业革命中的作用。更晚期的学者强调了中层阶级和文化对于"工业革命"的产生所起的作用[13]。

莫克所说的四大学派都围绕人类来解释工业革命的起因及后果。我将在他的名单中添上第五个学派：环境学派。这一学派强调工业革命对自然资源包括化石燃料加速使用。该学派的某些成员强调了农业的重要角色。罗斯托认为，食品产量的增加是经济腾飞的前提条件，因为食品产量增加使得农村劳动力可以进入工厂工作[14]；其他人如阿尔夫·霍恩伯格则认为，英格兰能够在其他地区增加农产品（特别是棉花）产量，这一事实也在其中扮演了重要角色[15]。有几位历史学家确信，从木柴向煤的能源转变是工业革命发生的一个重要的、甚至是决定性的因素。E. A. 里格雷把工业革命定义为从有机能源向矿物能源的转变；肯尼斯·波梅兰兹认为 19 世纪英格兰的"煤和殖民地"在中国和欧洲之间造成了权力的"巨大分叉"，他同时强调了煤和原料（包括棉花）进口在这个过程中的重要影响[16]。

对于这些改变是否是人们所向往的，这一学派的成员存在着意见分歧。其中一派为乐观派，主要由经济历史学家组成，他们视工业革命为人类对自然的光辉胜利，可以借此突破马尔萨斯极限。哈罗德·帕金写道，工业化是"人类在获得生活资料方面、在控制他们的生态环境方面、在摆脱自然的暴政与禽兽的能力方面的一场革命……它为人类开辟了一条康庄大道，沿着这条大道走下去，人类就可以在不需要相互剥削的条件下，无条件地成为自己的物质环境的主人"[17]。莫克确信，这段话是对工业革命的意义的"最为雄辩的"总结[18]。这一学派更为悲观的一派主要由环境历史学家组成，他们倾向于把工业革命视为一次生态灾难。他们指出，工业对有限的自然资源有着无限的需求，这种需求是不可持续的，使用化石燃料造成了气候的改变，释放出大量的污染物。持这一观点的著名人物包括约翰·麦克尼尔、亚克西姆·拉德考、I. G. 西蒙斯、西奥多·斯坦恩伯格、彼得·索谢姆和斯蒂凡·莫斯雷[19]。有些学者把工业革命与进化相联系，其中一部里程碑式的著作是苏珊·R. 施勒芬与菲利普·斯克兰顿 2004 年主编的《生物体工业化：引入进化史》[20]。

特别值得一提的是阿伦·奥姆斯戴德和保罗·罗德，本章的论述就建立在他们的一个观点之上。他们在《创造丰饶》一书中写指出，历史学家通常把工业革命归功于英格兰发明家和他们的机器。"但是这种说法忽视了另一批革新家，即那些培育了适用于新型棉纺技术的棉花品种的棉农与培育者，以及与此具有同等重要性的北美大陆的多元化环境，这些创新对于支撑工业革命发展至关重要[21]。"奥姆斯戴德和罗德用生物创新这个术语来代表人们对生物体造成的改变，用机械创新这个术语代表机械装置上的改变。本书将沿用这些术语，同时也把生物创新包括在人为进化这一更为广泛的框架之下。

奥姆斯戴德和罗德强调让棉花的特性适应机器装置，这一点与棉花生来就适于机械纺纱这一普遍说法形成了鲜明的对照。历史学家曾认为，这种适应性解释了为什么棉花的工业化在羊毛或者麻之前。马克兰德·梅卡

解释道："棉花是均匀的，因此适宜于机器处理[22]。"帕特里克·欧布莱恩
107 写道："棉花的纤维比亚麻或羊毛具有更均匀的强度和弹性，更容易用于机
器纺纱[23]。"大卫·兰德斯认为，"从技术上说，棉花远比羊毛更适用于机
械化生产。棉花是一种植物纤维，坚韧而且其特性相对稳定，而羊毛是一
种有机纤维，质地易变，不易把握[24]。"莫克指出，"与它主要的竞争者羊
毛和麻相比，棉花的纤维特别适合于机械化加工[25]。"本章认为，棉花纤维
特性并不稳定，它适用于机械加工的特性并不是与生俱来的，而是人为进
化的结果。

命题一最为根本：人为进化通过改进棉花纤维对机械纺织处理的适应
性促进了工业革命。植物学家认为，家养棉花的野生祖先和今天的野棉花
一样，带有短、粗糙和卷曲的纤维，要把这样的纤维纺成纱然后织成布很
不容易。早期驯化者们甚至根本没有尝试过用棉花纺织。开始的时候，人
们会注意到棉花可能是因为它毛茸茸的松软的特性，而不是因为它适用于
纺织。我们知道，正是这一特性让美洲印第安人（比欧洲人更早地生活在
美洲诸国的人们）将之用作床铺和木乃伊包裹的填料，以及箭矢的羽翎。
五千年的驯化帮助棉花进化获得了更长、更宜于纺织的纤维。棉花植株在
偶然的情况下产生了变异，人类选择了他们想要的品种，驯化棉花种群便
进化了。偶然性或许帮助棉花的这种特性在种群内扩散，但总的来说，选
择（无意识的或系统的）的力量似乎更加强大，毕竟棉花有着非常多适宜
于纺织的特性[26]。

到了工业革命的时候，人们使用四种驯化棉花物种纺纱，其中两种起
源于旧大陆。植物学家无法完全肯定草棉是在哪里进化的，它可能是在南
非作为一种多年生植物发展起来的，然后辗转去了阿拉伯，后来经历了重
大改变最后散布于整个北非。人们猜测，商人们为大部分转运提供了通道。

当草棉向北进入伊拉克时，寒冷的冬天让多年生变成了不利因素，于是它便进化，成为单年生植物。在草棉进入印度北部时，较短的夏季选择了这一物种中成熟最快的品种[27]。因此，草棉给人们提供棉花的能力不但取决于它的纤维特性的进化，也取决于它的农艺学特性（多年生对单年生，较长的成熟期对较短的成熟期）的进化。

另一种旧大陆物种，亚洲棉（拉丁学名 G. arboreum，意为"树棉"）也生长在印度。它可能是在印度洋的亚非沿岸的某处进化的，然后在印度 108 河谷经历了重大改变。中国人在公元 7 世纪作为装饰性植物栽种了这一物种的多年生版本，但直至 11 至 13 世纪草棉的单年生特性进化发生之后，棉花的大规模种植和服装生产才在中国境内开始。这两种旧大陆物种随后在棉花生产和加工的中心地带经历了重大的人为进化，特别是在现在的印度和巴基斯坦地区[28]。

另外两个驯化物种发源于新大陆。海岛棉（拉丁学名 G. barbadense 源自巴巴多斯）可能是在今天的秘鲁和/或厄瓜多尔进化的，之后更广泛地分布在南美和加勒比地区。陆地棉（拉丁学名 G. hirsutum 意为"毛茸茸的棉花"）起源于今天的墨西哥。在 19 世纪棉花王国兴盛时期，它是美国南部种植的最为广泛的物种[29]。

除了对棉花纤维质量和农艺学特性的影响之外，人为进化通过对其数量的影响使工业革命成为可能。无论按物种平均或按植株平均，野生棉花只能产出少量纤维。它们的分布区域狭窄，以多年生灌木与树木的形式生长，种子中只有有限的绒毛（棉绒），种子很小（因此不容易脱离棉绒）而且种子上覆盖着不易渗透的表层（这限制了发芽率）。人们需要很长时间才能从这些植物上收集少量棉绒，这种收获量远远无法满足工业需要[30]。

经过驯化，棉花种群进化了，能够产出非常多的纤维。与野生棉花相比，驯化棉花的环境适应能力更强，这扩大了棉花的生长范围，增加了棉花的植株数量；棉花进化以后植株生长更为紧凑，人们可以更容易、更快地进行收割；它们进化生长出大的棉铃含有丰富的纤维，增加了平均产出和单位时间的收获量；棉花进化长出大的种子使得种子更容易脱离棉绒；进化了的种子更容易发芽有助于人们将棉花播撒在更广阔的区域里；而且棉花还进化生成了长纤维，用这种纤维纺出的纱足够结实，能够用来织布。所有这些发展为用机器纺织棉布打下了基础[31]。

　　有人可能会从意向性、充分性或邻近性出发质疑我的观点。我并不是说前工业化时期的棉农有意识地要为当时还没有发明出来的机器发展长纤维，他们采取的有意识行动或许只是针对他们头脑中已经存在的手动纺纱。109 但凑巧的是，对于手动纺纱有用的特性同样也对机器纺纱有用。我并不认为适用于手工纺纱的纤维特性已足够为工业化所用，棉花的长纤维特性对于机器纺织是必须条件但并非充分条件。我也并没有声称棉花进化的关键是因为其在地域或者时间上与工业化相邻，可用于机器纺纱的纤维只要在工业革命之前进化就可以了。

　　我的命题与长久以来的传统观点有所不同，后者把工业革命归功于发明家和他们的机器。1948 年，T. S. 阿什顿以称赞的口吻引用了一个学校里的男学生的话，这个学生在回答有关工业革命的问题时这样说道："大约在 1760 年，一个小型机械的浪潮席卷了英格兰[32]。"早在阿什顿之前一百多年，爱德华·贝恩斯写道：

　　　　上个世纪，一系列灿烂的机械发明大大节约了劳动力，让一个人可以做一百个人的工作。在这一革命的进程中，制造业受到了前所未有的刺激，并在一个时代之内遮掩了商业编年史上那些最伟大事件的光辉。这些发明是在英格兰实现的，它们立刻构成了科学在实用艺术上最璀璨的胜利，并给英格兰创造了辉煌的财富源泉。可以毫不夸张地说，这些卑微的技师们的实验结果为英格兰增加的威权，超过了帝国军队在其所有殖民地中所取得的总和[33]。

贝恩斯的说法的重点在于 18 世纪、机械发明、英格兰和英格兰人，他的观点或许并没有错，但也并不全面。在他的名单中，我们还应该加上五千年的历史、生物革新、英格兰以外的一些地区（美洲诸国、非洲和亚洲），以及除了英格兰人外的其他人（美洲印第安人、非洲人和亚洲人）。一个更为准确的说法应该如下（改动之处用斜体）：

> 五千多年间创造的一系列灿烂的*生物学和*机械发明的光辉大大节约了劳动力，让一个人可以做一百个人的工作。在这一革命*对棉花特性和*机械进行的改革进程中，制造业受到了前所未有的刺激……这些*生物革新是在英格兰以外的地区实现的，而*机械发明是在英格兰实现的；它们立刻构成了*生物学和机械装置的结合*在实用艺术上最璀璨的胜利，并给英格兰创造了辉煌的财富源泉。可以毫不夸张地说，这些卑微的*棉农和*技师们的实验结果为英格兰增加的威权，超过了帝国军队在其所有殖民地中所取得的总和。

对传统说法的这一修正补足了奥姆斯戴德和罗德的说法。我认为，人为进化为工业革命奠定了基石。奥姆斯戴德和罗德认为，工业革命一旦开始，人为进化对于其进程的持续是必须的。工业革命不但仰仗机械革新，同样也仰仗生物革新，这一点我们的意见是相同的。

　　这些发现带来了对于一个老问题的新答案：英格兰或欧洲需要来自其他大陆的帮助来实现工业化吗？按照长期以来的传统，人们一般地把工业革命归功于西欧，并且特别归功于英格兰，来自贝恩斯的引文就反映了这种观点，兰德斯、莫克和奥布莱恩也认同这一点。但人们很难认同棉纺织业的工业化囿于英格兰一隅就能成功，因为棉花终究不是英国生产的。这一事实让一些持欧洲中心论的学者处于尴尬境地，以至于他们不得不提出，棉纺织业根本没有那么重要，他们的这种说法似乎实在有些过分了。从1794 年到1796 年，棉纺织品出口占英国出口总额的73%，所以我十分同意肯尼斯·波梅兰兹和阿尔夫·霍恩伯格等修正主义学者们的论点，即殖民地和美国对于原料的供给是至关重要的[34]。我也还要在他们的论点上增加一条：英格兰并非仅仅依靠世界上其他地区提供的棉花，这其中还有人（诸如美洲印第安人和东印度人）和一个过程（人为进化）的作用，它们的结合共同创造了可供机器纺纱的棉花纤维和能在各种生态条件下生长的棉株。

　　我们现在结束有关各种家养棉花的相似点的讨论，转而讨论其不同点。正如我们早先看到的那样，许多经济历史学家认为棉花之间并无差别。遗憾的是，这种观点是错误的（图9.1）。四种驯化物种之间是不同的，同一物种内的品种也是不一样的，同一品种内的种群也有差异，而各种群内的个体也各自不同。变异过去是，现在也是棉花的一种存在规律而并非个别现象，不同棉株之间的差异非常重要。

　　命题二是，人为进化特别是在新大陆发展的人为进化使得工业革命成为可能。新大陆为工业革命发展提供了质量够好与数量够多的棉花，旧大陆或许也能提供这样的棉花，但实际上却没有。新旧大陆棉花最重要的区别之一是其纤维长度不同，因此纺出来的纱的强度也有很大的不同。机械装置的成功应用在于在不断线的情况下纺出很长的纱并绕成轴。实践证明，

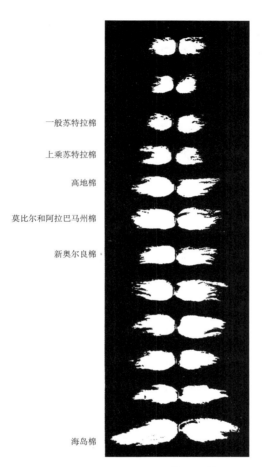

图 9.1　不同进化历史的产品　　17 世纪，英格兰棉花业依赖于旧大陆短纤维棉花，
见上图前四种样品。来自印度的苏拉特棉可能是草棉或亚洲棉。18 世纪，长纤维海
岛棉从新大陆涌入兰开夏郡。上图最下面的样品是海岛棉的一个品种。18 世纪末，
来自新大陆的中等纤维陆地棉来到英格兰。上图第 5—11 种样品是陆地棉的品种。
（亚瑟·W. 希尔维摄，《1847–1872 年的曼彻斯特人与印度棉花》，曼彻斯特：曼彻
斯特大学出版社，1966，293）

新大陆棉花在这方面远胜旧大陆棉花。

在克里斯多夫·哥伦布的帮助下，欧洲人见到了新大陆棉花。在第一次前往新大陆的航行中，他遇到了加勒比岛民，他们给他看了"数量庞大的"棉线、吊床、网和衣物。哥伦布是一位航海家，但即使是他也意识到，棉花具有不寻常的特性，并将之描绘为"非常精细，而且带有极长的纤维"。对于哥伦布来说，提供这种纤维的植物似乎是"自发地"生长在山岭中。当他们更进一步深入美洲大陆时，这些欧洲人在今天的美国西南部、墨西哥、中美洲和南美遇到了更多的当地棉花种植者和服装制作者[35]。

由于美洲印第安人长期在新大陆栽种棉花，欧洲人做同样的事情并不需要跨出重大的步伐。到 1700 年，在为英格兰纺织品制造者提供棉花方面，加勒比殖民地已经超过了西南亚。1780 年，英国从西印度群岛进口的棉花是从亚洲进口的 10 倍。今天的一些地名如圣卢西亚的棉花湾便反映了这一作物的历史重要性。北美属大不列颠大陆的殖民者也在 16 世纪试种棉花，但他们发现种植烟草、稻米和靛蓝的市场利润更高。有些大陆殖民者也确实曾为手工织布而种植棉花[36]。

在 18 世纪和 19 世纪，有许多新大陆纤维在机纺方面的性质优于旧大陆纤维的纪录。我无法找到当时有关强度的定量数据，因此只在此给出一项 20 世纪的研究报告作为大致指南。这项研究比较了两种新大陆物种（海岛棉和陆地棉）与一种旧大陆物种（亚洲棉）的性质，另一种旧大陆物种草棉则没有提及[37]。

与旧大陆棉花相比，新大陆棉花的纤维更长，纺出的纱也更坚韧。来自海岛棉和大陆棉的纤维长度分别为 3.25cm 和 2.92cm，而亚洲棉的纤维长度则只有 1.88cm。这就是说，这两种新大陆纤维比旧世界纤维分别长 70% 与 55%，而且新大陆棉花也更坚韧。海岛棉和陆地棉的单个纤维的断

111

裂重量分别为 7.20g 与 6.86g，而亚洲棉单个纤维的断裂重量为 6.23g。最令人惊讶的对照是每束纤维的整体断裂数据：海岛棉和陆地棉的纤维束分别在每特克斯 48.1g 与 39.8g 下断裂，而亚洲棉的纤维束在每特克斯 17.5g 下断裂（特克斯是纤维密度的一种单位）。也就是说，这两种新大陆纤维束的强度分别是旧世界纤维束强度的 2.75 倍与 2.27 倍[38]。

这些发现或许澄清了有关工业革命的文献中的一种反常现象。我们知道，英格兰人在 18 世纪之前没有制造过全棉布，因为他们的棉纱线用作经纱时太容易断裂，而他们确实在 18 世纪的最后三十多年里制造出了全棉布。有些历史学家将这一转变归功于纺纱机。莫克写道："在克朗普顿以 113 前，在英格兰纺出的棉纱线的强度不足以作为经线，因此必须与其他纱线组合做成经线。走锭纺纱机使制造全棉布成为可能[39]。"其他人将之归功于阿克莱特的水力纺纱机[40]。无论哪种说法，历史学家都认为，是新机器使棉花得以纺出强度足以作为经线的纱，因此人们可能织出全棉布，进而为英格兰纺织品打开了市场。但问题是，英格兰人在 1726 年就开始做棉纱经线并制造全棉布，而且他们在 18 世纪 50 年代就已经能够大批生产全棉布了，而阿克莱特的水力纺纱机（1769）和克朗普顿的走锭纺纱机（1779）的发明都在此之后[41]。

如果我们把注意力从机器转到生物学上，就会得到一个更好的解释。纺纱装置的特性在 18 世纪 20 年代并没有发生太大的改变，但在英格兰的棉花的特性却有重大变化。17 世纪的英格兰依赖旧大陆提供棉花。原棉首次到达英格兰大约是在 1601 年，来自东地中海的列万特，那里出产的是草棉。我们缺乏 1697 年之前的综合数据，但根据轶事记载，列万特草棉在整个 17 世纪都占据着进口棉花的主导地位。这些棉花大部分被用来做填料、棉被和蜡烛芯。织布工人想要制作全棉布，但草棉纤维太脆弱，所以他们只能用草棉纤维作纬线、用亚麻纤维作经线来制作棉麻混纺粗布。草棉的纤维相对较短，因此纺出来的纱比较脆弱，这一点并不令人吃惊[42]。

来自新大陆的长纤维棉花在 18 世纪涌入英格兰。随着对西印度群岛棉花进口的增加，来自列万特的进口减少了，进口量的变化既体现在绝对总量上，也体现在百分比的增减上（图 9.2）。当棉纱经线于 18 世纪 20 年代出现的时候，从西印度群岛的进口超出从列万特进口的 260%。西印度群岛是海岛棉的故乡，海岛棉即长纤维棉花，其纤维束强度经检测为旧世界棉花的 2.7 倍。来自南美的进口量也增加了，那里也是海岛棉产区。英格兰人仅仅需要改用海岛棉就能在 18 世纪纺出比 17 世纪强度更高的纱；这为

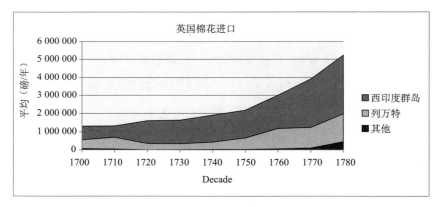

图 9.2　从新棉花到新机器　生物学为工业革命奠定了基础。17 世纪，兰开夏郡棉纺织工业极为依赖来自列文特的短纤维旧大陆棉花。18 世纪，来自西印度群岛的新大陆长纤维棉花涌入了兰开夏郡，西印度群岛上种植着世界上纤维最长的棉花。图中所示的列文特棉花中很大一部分用于蜡烛芯、填料和除纺织品以外的其他用途。（数据来自阿尔弗莱德·P. 沃兹沃斯和朱丽亚·德·雷希·曼，《1600—1780 年的棉花贸易和工业化了的兰开夏郡》，纽约：奥古斯都米凯利出版社，1931，1968，520—521）

棉纱经线的出现提供了解释，这一解释比用当时尚未出现的机器所进行的解释更为可信[43]。

　　棉纱经线和海岛棉在英格兰出现的地理位置也符合这一论点。新大陆棉花更为集中地出现在兰开夏郡而不是在英格兰的其他地区，而前者正是棉纱经线出现的地方。兰开夏郡的棉花大多从利物浦港转运而来，而这些棉花是直接从新大陆进口的。旧大陆棉花几乎全部在伦敦港到岸，当然新　114大陆棉花也有在伦敦港进口的。要把棉花从伦敦运往兰开夏郡需要另外装船转运，或者通过路面不佳的公路，此举费时耗财，因此运往西北部兰开夏郡的旧大陆棉花只有很少一部分[44]。

　　和棉纱经线一样，机械革新是在新大陆棉花涌入兰开夏郡的浪潮之后出现的。1738 年，生于兰开夏郡伯里的约翰·凯发明了滑轮梭子，它能加速手工织布；而路易斯·保罗申请了一项纺机的专利（尽管有些人认为，这项发明应该归功于约翰·怀亚特）。这两种装置都是为羊毛设计的，但后来转而为棉纺织业所用。企业家们在 18 世纪 40 年代建立了机器纺纱的工厂，但这一努力因机械问题而最终失败。随后出现了经过创新的能够成功应用的机器：詹姆斯·哈格里夫斯大约于 1764 年在兰开夏郡的斯坦希尔发明了多轴纺织机；理查德·阿克莱特大约于 1768 年在兰开夏郡的普勒斯顿开发了他的水力纺纱机；萨缪尔·克洛普顿大约于 1779 年在离兰开夏郡的博尔顿不远的地方发明了走锭纺纱机[45]。

　　纺织机器的兴起与新大陆棉花的集中到来发生在同一时间、同一地点，这绝非巧合。这种机器要求棉花具有长纤维，机器纺纱的重点是制造不间　115断的长纱，因此避免断线是一项重大挑战。要做到这一点很不容易，因为机器没有手工纺纱工的触感和反应（图 9.3），因此长纤维更强的强度是关键。印度艾哈迈达巴德的企业家大约在 1848 年尝试用机械纺棉花，虽然英

格兰人很早以前就证明这是可行的，但印度人的这一尝试失败了，原因是
棉纱经常断。印度人可能用的是旧大陆物种亚洲棉和草棉中的一种，或者
两种都用，这些物种的棉花纤维较短。直到 1855 年，第一家成功的机器纺
纱厂才在印度的纺织业中心古吉拉特邦投产。[46]

图 9.3　发明家对新大陆棉花的利用　新大陆棉花来到兰开夏郡为棉纺织业打开了
新的大门。西印度群岛棉花进入兰开夏郡以后，一连串革新——棉经线、全棉布、
纺机和织机——便发生了，它们都需要使用高强度的棉纱。上图为多轴纺织机。
手工操作的纺工在工作时能够区分不同长度的棉花纤维，但像这种机器则不具有
同样精巧的触感，它需要能够总是纺出坚韧的纱的长纤维。（爱德华·贝恩斯，
《大不列颠棉纺织品制造史》（第二版），纽约：奥古斯都米凯利出版社，1835，
1966，158）

英格兰发明家和实业家非常幸运，他们得到了世界上纤维最长的棉花——海岛棉，这使他们在机器对棉纱存在拉力的情况仍能成功地操作机器 116
（图 9.4）。来自最大的棉纺王朝之一的数据说明了棉纺织业对新大陆棉花的依赖：1794 年至 1803 年间，斯特拉特家族的棉纺厂消费了 24833 袋棉花，这些棉花中约有 96% 来自西印度群岛和南美——海岛棉的故乡；约 4%来自北美，这些可能是海岛棉，可能是陆地棉，也可能两者都有。美国人从加勒比地区进口海岛棉的种子并沿东南沿海栽种，栽种地点是靠近大洋

图 9.4 棉纺织业依赖于新大陆的棉花纤维 从手工劳动向机械生产的转变突显了长纤维的重要性。照片中是为纺纱与织布做准备而梳理棉花的英格兰机器。这些机器将对棉花纤维进行预处理，即清洁、解结和排列成行；拉紧，即抽拉变细；以及粗纺，即轻度引捻。与较短的纤维相比，来自新大陆的较长纤维能制出强度更高的粗纺纱和棉纱，它们能更好地承受机器处理产生的拉力。（爱德华·贝恩斯，《大不列颠棉纺织品制造史》（第二版），纽约：奥古斯都米凯利出版社，1835，1966，182）

的狭长地带或者是沿岸的岛屿。海岛棉纤维跻身世界最佳之列，名声显赫，我们将在后面讨论海岛棉[47]。

　　棉花价格也侧面肯定了工业需要新大陆棉花的观点。如果所有的棉花并无差别，可以互相取代，那么我们便可以预测棉纺厂家将购买最便宜的棉花，这样做便把各种品种的棉花价格限制在很窄的范围之内，但事实并非如此。购买新大陆棉花的花费远远超过旧大陆棉花，但工厂主们依旧购买新大陆棉花，因为他们别无选择（图9.5）。轧制棉花的价格也证明了纤维长度的重要性。我们都知道是伊莱·惠特尼发明了轧棉机，这种机器代替了用手工把种子从棉绒上选出来这一乏味、低效的劳动，从而使棉花供给量激增。事实上，别的轧棉机早就出现了。人们在18世纪使用的主要型号叫做皮辊轧花机，它把整段纤维从种子那里挤出来。惠特尼的轧棉机（这也可能是他从别人那里抄袭来的）用的是一个新原理：用金属丝或锯条把纤维从种子那里撕下来。这种方法比较快，但却会撕裂纤维，这对轧制棉花的价格带来很大影响。1796年，一位英格兰商人抱怨惠特尼轧棉机把1.5英寸的纤维扯断成了0.5英寸的碎片。皮辊轧花机轧制的棉花价格为每磅27便士，而经惠特尼轧棉机处理的同样产品的价格只有每磅18或19便士[48]。

　　工厂主很不情愿为买新大陆棉花出高价，因此去寻找来自旧大陆的替代品，但数十年来这些努力都归于失败。问题不在于数量或价格，而是质量。印度能制造极好的棉布，而且随着英格兰的势力在南亚越来越强，人们主要集中在印度寻找这种替代品。1788年，曼彻斯特棉纺业主请东印度公司进口更多的原棉，该公司于1790年将422207磅棉花运往英格兰。但这些棉纺业主发现，这些棉花的纤维"完全无法满足"他们的需要，于是从印度的进口在1792年完全终止。由于新大陆棉花价格昂贵，制造厂不得

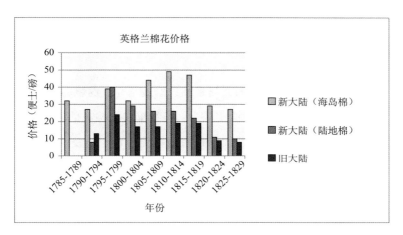

图 9.5　为新大陆棉花的特性额外付款　英格兰的原棉价格反应了新大陆棉花对于工业化的重要性。从上图可以看出，长纤维的新大陆物种海岛棉价格最高，中等纤维的新大陆物种陆地棉价格中等（1795—1799 年有例外，这四年陆地棉的价格高于海岛棉），两种旧大陆物种——亚洲棉和草棉的价格最低。上图显示的是在英格兰的每磅原棉每年最高价格的平均数。（数据来自爱德华·贝恩斯，《大不列颠棉纺织品制造史》（第二版）纽约：奥古斯都米凯利出版社，1835，1966，313—314。原著中价格以先令为单位，此处按 1 先令＝12 便士转换为便士单位。对于海岛棉，贝恩斯报告的是 1782—1805 年来自西印度群岛的原棉价格和 1806—1833 年的海岛棉的价格。对于陆地棉，他报告的是佐治亚湾棉 1782—1805 年的价格和高地棉 1806—1833 年的价格。旧大陆价格是孟加拉棉和苏拉特棉的价格。）

已在 18 世纪末再度请求进口印度棉花，于是在 1799 年与 1800 两年间，印度棉花的平均出口量达到每年 640 万磅，但这些进口棉花鲜少有工厂购买。1808 年和 1809 年，由于政府禁止进口美国棉花，人们再次要求进口印度棉

花，但印度棉花的销量实在太小，以至于东印度公司将这一供货描绘为
"对公司和私人出口商的破坏性的、徒劳的负担"[49]。不合适的棉花就是不合
适，哪怕价格再低也依然如此。

一种优异的替代品终于从旧大陆来临，但这是经过伪装的新大陆棉花。
到了 19 世纪中叶，英格兰棉纺业主认为，长纤维埃及棉花的质量仅次于美
国海岛棉。但这并非巧合：埃及棉花是海岛棉的后代。埃及的统治者于 19
世纪 20 年代决定发展适于出口的棉花，合乎逻辑的做法就是栽种英格兰市
场最为看好的品种。培育者们把一种叫做马科棉的品种与海岛棉杂交，创
造了能够在埃及生长得很好的棉花品种。有些作者认为马科棉是旧大陆物
种（草棉）；但 2009 年关于棉花遗传学的一份研究认定这一说法"毫无疑
问是错误的"，并将马科棉分类为海岛棉与同一物种的两个品种的结合体。
因此，尽管埃及棉生长在旧大陆，它却进一步扩大了棉纺织业对新大陆物
种的依赖[50]。

另一个能够为棉纺织业提供原料的物种真的出现了，而且这一物种来
自新大陆。美国棉农试图扩大海岛棉的种植范围，但这种植株在远离海岸
的地方生长状况欠佳。于是棉农们转而求助于墨西哥的一种物种——陆地
棉，陆地棉在内陆地区长得更好（图 9.1）。它以多种名字（高地棉、佐治
119 亚湾棉、新奥尔良棉、绿种棉等）在美国南方到处生根。陆地棉的纤维短
于海岛棉，但长于那些来自旧大陆的棉花，而且机器用它纺纱没有问题。
进口的陆地棉大约于 1800 年抵达英格兰，并且其进口额在 19 世纪迅速增
加。正是由于陆地棉的存在，棉花王国才得以称霸美国南方[51]。

陆地棉的到来让棉纺业者可以按照纤维长短把棉花大致分为三类：长
纤维、中等长度纤维和短纤维棉花（棉纺业者还有更具体的分类，但他们
的大致分类对于本书的讨论来说已经足够）。取自海岛棉的纤维几乎全部用

作经线，用它纺成的纱的强度足以承受织布机的拉力，同时也足够细，可以织成高支数棉布。（支数指的是每英寸织物中所含的纱数，通常支数越高，织物质量越好，价格也越高。）织工们也可以选用长纤维棉花作纬线，但他们通常不这么做，因为这样织出来的布比较粗糙。他们常用中等长度纤维棉花（陆地棉）作纬线，其柔软、光滑的质地使得织出来的布料丰满、柔软。理想情况下，织工们选用长纤维制成的纱作经线、用中等长度纤维制成的纱作纬线，但由于长纤维价格高昂，生产一些质量不高的织物时，他们便用中等纤维作经线[52]。

短纤维来自旧大陆。如果中等纤维和短纤维的价格相同，纺织业者会选用中等纤维而避免使用短纤维。但如果中等纤维更贵，纺织业者就会转而用一些短纤维。除了价格便宜之外，短纤维几乎一无是处。短纤维"在各种机纺过程中被拉断"，由它制造而成的棉纱也很脆弱，在纺与织的过程中棉纱进一步发生断裂。印度棉花每英寸需要12捻度才能达到美国棉花8捻度的强度。用印度棉花造的布损坏得"厉害，变得很薄"，因为短纤维比长纤维更容易"被水洗掉"。短纤维几乎全部用作纬线，虽然它也可以用作最低档布匹的经线。纺织业者通常把短纤维棉花与中等纤维的美国棉花混用，但短纤维"在与中等纤维混用时必须特别小心，而且只能加入很小的比例"[53]。

英格兰对美国棉花的依赖让其处于一种很不安全的境地。1857年，《经济学人》杂志注意到，棉纺织业中90%的棉花是来自美国的中等纤维。长纤维与短纤维加起来构成了另外的10%。该杂志警告读者，人称苏拉特棉的短纤维印度棉花只能在非常有限的程度下取代其他的棉花。"我们想要的并不仅仅是更多的棉花，而是具有与现在从美国进口的棉花同样性质和价格的更多的棉花。即使印度每年能够为我们运来两百万包苏拉特棉，我们也并没有得到我们想要的东西，威胁我们的问题尚未解决，我们几乎会像过去一样依赖美国[54]。"

事实证明了这家杂志的先见之明。当美国内战导致其出口量下降时，英格兰遭受了史称棉花饥馑的灾难。许多纱厂关闭了，其他纱厂转而使用来自印度的短纤维，但用起来困难重重。商人们在一次祷告会上恳求上帝多给他们一些棉花，但有人加上了一个限制条件："不要苏拉特棉，主啊，不要苏拉特棉[55]。"印度也能提供一些叫做美国达瓦尔棉的中纤维棉花，这种棉花后来成了印度种植的最佳棉花。但和埃及棉一样，这也是一种生长在旧世界的新大陆物种。正如它的名字暗示的那样，它是印度达瓦尔引进的美国陆地棉的后代[56]。

棉纺织业对新大陆物种的依赖一直持续到今天。陆地棉的产量占世界棉花总产量的 90%，剩下的 10% 大部分是海岛棉。另外两种旧大陆品种——亚洲棉和草棉——的贡献微乎其微[57]。

为什么新大陆棉花比旧大陆棉花更适合机纺？在某些方面，它们的进化史看上去类似得令人吃惊。在新旧大陆上，人们在大约五千年前各自驯化了两个棉花物种。在这两个地方，技艺精湛的手工艺者把纤维纺成了纱、织成了布；系统进化或无意识进化都偏爱长纤维；人们都以类似的方法改变棉花的农艺特性（从多年生变为一年生、从体型臃肿变为小巧密集、从绒毛稀少变为纤维丰富、种子从不可透过变为可以透过而且更容易与纤维分离）。至于纤维长度的不同，可能是环境不同造成的，虽然我对于环境因素所知甚少，无从推测。也可能是因为不同地方的人们想要不同长度的纤维，也可能某些地方人们的选择技术更为精巧，尽管我倾向于认为各个地方的人们都同样地聪明能干并且富有创造性。

也有可能是因为自然给予人们的机遇有所不同。基因突变为进化提供原料，突变产生新特性，机会与选择使新特性在种群内传播开来。基因突变是无目的的行为，它们随机出现，因此人类无力召唤棉花的新特性，只能在棉花呈现出的特性上做出选择。能够产生海岛棉的长纤维和陆地棉的中等纤维的基因突变可能只发生在这些物种的身上，因此让那些不在南美的人们无法选择这样长度的纤维。

命题三是，基因组的不同让新大陆棉花比旧大陆棉花享有更大的机会进化形成长纤维。在地球的热带与亚热带地区生长着大约 50 种棉属物种。由于有着共同的祖先，在同一区域进化的物种具有类似的基因和基因组，遗传学家称这样的物种群为基因组群。他们确认了 8 个这样的群并确定了它们的起源地，并以字母 A、B、C、D、E、F、G、K 命名。分类学家一直在修正他们对于棉属的认识，但最近的一项努力认定了野生棉的如下基因组：3 种物种具有 B 型基因组（非洲）、2 种具有 C 型基因组（澳大利亚）、13 种具有 D 型基因组（新大陆）、7 种具有 E 型基因组（非洲—阿拉伯）、一种具有 F 型基因组（非洲）、3 种具有 G 型基因组（澳大利亚）、12 种具有 K 型基因组（澳大利亚）[58]。

在新大陆和旧大陆，自然以不同的方式驯化棉花。来自旧大陆和新大陆的所有四种驯化物种都具有 A 型基因组。研究表明，拥有 A 型基因组的棉花物种纤维更长，因此得到人类的选择（图 9.6）。但新大陆的两种驯化物种除了 A 型基因组以外还具有 D 型基因组，这就创造了 AD 型基因组。结合两种或两种以上的基因组听起来好像很古怪，但这在植物身上是常有的现象。其结果就是，新大陆的两种驯化物种的染色体是旧大陆棉花的两倍，大部分棉花物种有 13 对染色体，而具有 AD 基因组的那些物种有 26 对[59]。

A、D 两个基因组的结合让人们感到困惑。遗传学家估计，A 基因组和

121

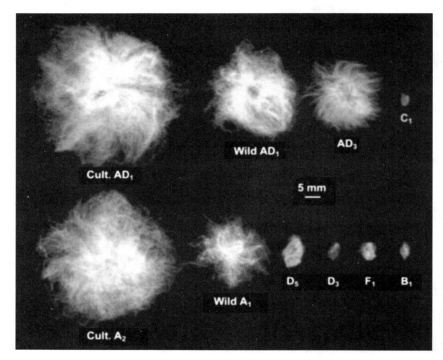

图 9.6 不同的基因组，机会不同 一项遗传差异增加了新大陆棉花在旧大陆棉花之前进化产生新特性如更长纤维的机会。两种旧大陆棉花的驯化物种携带着 13 对染色体，而两种新大陆物种携带的染色体为前者的两倍。更多的染色体意味着更多的基因、更多的基因突变，和进化生成新特性的更多机会。旧世界的驯化物种携带的 13 对染色体来自人称 A 型基因组的基因组（见第二行）。或许在一百万或两百万年前，新大陆驯化物种的某个祖先的 A 型基因组与另一种基因组——D 型基因组结合，生成了带有 26 对染色体的 AD 型基因组（第一行）。注意属于 A 型和 AD 型的野生物种的纤维之间的对比，以及和其他基因组（B、C、D 和 F 型）的野生棉花短纤维的对比。（乔纳森·文德尔摄，照片经授权后使用）

D 基因组的结合或许发生在一百万年到两百万年前，大约在美洲大陆和旧大陆漂移分开的年代之后。A 基因组似乎只在旧大陆进化，没有在其他各处进化，旧大陆的两种驯化棉花都有 A 基因组。D 基因组似乎只在新大陆进化，没有在其他各处进化，美洲的野生棉花有 D 基因组。一种假设是，来自 A 基因组植株的种子，或许作为一个更大的植物群的一部分，从旧大陆漂流到了新大陆。一些生物学家提出了跨大西洋的旅行说（旅行路线较短），而另一些则更倾向于跨太平洋的旅行路线。两种新大陆驯化物种的近缘亲属曾生长在太平洋中的岛屿上，它们的近源亲属在岛上和有 A 型基因组的物种结合，而带有 AD 基因组的岛屿最终跨过太平洋来到了新大陆。无论旅行是以何种路线进行的，棉花种子似乎有能力在旅途中生存。在一次实验中，某种夏威夷物种的种子经盐水浸泡三年之后发了芽[60]。

122

　　A、D 两个基因组的结合增加了新大陆棉花生成新特性的机会，同时也让它们比旧大陆棉花进化得更快。基因数加倍增加了有益的基因突变的发生机会（当然也增加了有害的基因突变的发生机会，但有害基因在选择下生存的机会比较小），也增加了通过不同途径产生新特性的机会。海岛棉的基因与陆地棉有共性，但它们也在一些方面有不同，这让它们有可能利用不同的基因生成相对更长的纤维。加倍还减少了基因突变造成的风险，当 123 一个基因组生成不寻常特性的时候，另一个基因组也可以完成植物为生存与繁殖而需要做的一切。因此，很有可能的是，与 A 基因组为旧大陆人类提供的选择范围相比，AD 基因组为新大陆的人类提供的选择范围更为广阔。而且，因为变异是进化的原料，基因组加倍或许能让新大陆的棉花比旧大陆的棉花进化得更快[61]。

　　我的假说是基于或然性而不是必然性。我并没有说继承了 AD 基因组就能保证新大陆棉花进化得到长纤维，也没有说 AD 基因组能够带来进化较长纤维的独特能力。这里指与旧世界棉花相比，继承 AD 基因组增加了新大陆棉花进化生成较长纤维的机会，事实也的确如此。

有一个例子可以说明旧大陆棉花也可能具有为机器提供合适质量的纤维的能力。1787 年，一些更有天赋的英格兰走锭纺纱机操作者使用了一种叫做阿穆德棉的高质稀有印度棉花品种，制作用来织平纹细步的棉纱[62]。我无法确认这一品种属于哪种物种，但它很有可能属于旧大陆物种之一。因此，尽管旧大陆棉花比西印度群岛棉花更难加工，但它也有可能具有生产机纺纤维的遗传能力，但旧大陆并没能提供质量合适的和数量足够的纤维来支持英格兰工业化。

旧大陆人们也还是进行过很多的尝试。英国曾多次尝试让印度提供适于机器纺织的棉花。据一份清单显示，人们在 1788 年至 1850 年间发起了 75 次不同的活动来努力改善印度棉花质量，也就是说大约每年一次。人们尝试引进新机械如轧棉机，改进种植方法，但最普遍的策略是引进种子，其中包括从印度的一个地方向另一个地方引进，和从世界其他地区向印度引进。种子来自世界上最好的品种，但几乎所有这些计划都失败了。美国内战触发人们更加努力改善棉花质量，这些努力最后也都归于失败。但是有一项例外，那就是 19 世纪 40 年代向达瓦尔引进美国陆地棉（高地棉）的计划。这项计划逐渐停止了，后来在 19 世纪 60 年代才成功复活，这时人们普遍承认美国陆地棉是在印度生长得最好的品种，而且美国内战造成的棉花饥馑中，它成了向英国出口的支柱产品[63]。

这些计划失败的原因何在？19 世纪的英国观察家们通常将这归因于印度人，特别是在他们眼中印度人那落后的信仰体系和经济体系。一位评论家写道："没有什么东西比那些土著们对改革的反对更不可理喻的了。"另一位评论家说："农夫对任何革新都完全没有兴趣，而且对改革没有兴趣的不仅仅是农夫，就连社会上的婆罗门阶层①也对准许任何改革没有兴趣。"还有一位评论家发现，"婆罗门不鼓励这些培育计划，因为这会让本地植株消失，'邪恶之眼'将会给他们带来灾祸。"许多批评家认为，印度经纪人造成了有害影响，抵制那些专门把棉花贩卖给印度市场的印度经纪人而用欧洲中介取而代之至关重要[64]。

从印度农夫的视角看到的则是一个完全不同的世界。传统的棉花品种具有多重优势：它们已经适应了特定区域的土质和气候，所以其收获是有保障的；它们不需要许多劳力照看，传统棉花和稻米等其他作物生长在同一块田地里（人们今天称这种操作为间作），但其成熟期与其他作物不同，这就起到了分散劳动力的作用；这些棉花可以用简单的手工滚轮轧棉机进行清洁，用费低廉；此外，印度棉纺织业早就掌握了用短纤维棉花纺纱织布的技巧，这些棉花享有棉纺织业的现成市场[65]。

技术和时间也支撑着印度棉纺业的成功。熟练的纺工用手就能给每英寸纱线合适的伸展和捻转量，从而为手工纺机制造出强度足够的棉纱。放置经纱的工人动作轻缓，两个工人用10—30天的时间为一匹布放置经纱。织布工人缓慢小心地操作，避免弄断棉纱，织成一匹布需要用10—30天的时间（所用时间依质量不同而不同）（图9.7）。在清洗与漂白之后，缝纫工会对断裂的棉纱进行修补[66]。

印度纺织品制造者也知道如何使用特定品种的棉花来制造特定种类的布匹，从而充分利用棉花的不同品种。这些棉花品种和布的名称很少被译成英语，但一份简短的名单可以让我们对其专门性略见一斑。纳玛棉用于纺织古拉斯布、巴夫塔布和卡斯布；佛提棉用于纺织玛尔玛尔布、阿拉巴里布、杜里亚布、谭杰布和其他布；拉奇棉用于纺织谭杰布和玛尔玛尔布；

---

① 婆罗门是印度的祭司贵族，在社会中地位最高。——译者注

图 9.7　在印度旧大陆棉花比新大陆棉花更受欢迎　19 世纪早期，虽然新大陆
棉花在大西洋经济体中广为使用，但也并没能在印度战胜旧大陆棉花。向印度
引进美国品种的尝试不断地遭遇失败，因为旧大陆棉花更能适应印度的环境：
与它们的美国近缘品种相比，印度品种的种子价格更为低廉，可以适应多样的
生态条件，不需要那么多的劳动力和水，这使棉农们可以在同样的土地上播种
更多的棉花，能够更可靠地生产作物，轧制起来也更便宜。此外，旧大陆棉花
在印度棉纺织业中有现成的市场，该产业生产的布匹比英格兰机器生产出来的
还要精细。高超的技艺，加上愿意投入的大量时间，这使印度人以简单的技术
成就了这一壮举。(爱德华·贝恩斯，《大不列颠棉纺织品制造史》(第二版)，
纽约：奥古斯都米凯利出版社，1835，1966，70)

波格拉棉用于纺织巴夫塔布、嘎兹布和杜里亚布；而穆里棉用于纺织萨纳斯布、第姆提布、潘尼阿斯克斯布和金嘎姆布，以上只是一个地区（孟加拉）的名单的一部分。印度布的种类从便宜耐用型到昂贵精细型，应有尽有。即使英格兰人也承认，他们的机制布不如印度的手织布[67]。

　　对于印度农夫们来说，英格兰市场只有一个诱惑——潜在的高价格，但种植英格兰市场需要的新大陆棉花有很多风险。外来品种在印度的气候条件和土壤环境下通常生长得很差或完全绝收。（印度棉花生有长的直根，这使得它们在时常发生的干旱下能够生存，而外来品种根系很浅，难以适应干旱气候；美国植株在达瓦尔能够存活是因为那一地区有双重季风降雨，而印度其他地区只有单重季风降雨。）美国棉花品种生长季节不同，需要采用与传统印度品种不同的种植方法（成行播种而不是撒播）；美国品种需要更多的劳力照管；美国棉花的种子在纤维上附着得更紧，因此轧制花费更大；美国棉将在遥远的利物浦市场上出售，其价格波动难以预测（主要由来自美国的棉花供给决定）；最重要的是，即使他们成功种植美国棉花，其价格经常低于本地品种，所以英格兰需求的改进，对印度农夫们来说意味着贫穷[68]。

　　把生物体置于不同的环境下能够帮助我们理解为什么传统的长纤维印度棉花品种没能在 18 世纪与 19 世纪在印度传播开来。长纤维品种的供不应求本应鼓励其传播，但在印度，这种棉花的栽种面积却很小。这让我们想到，这样的品种只能在特定的环境下生存：土壤的种类、降雨量的大小以及温度范围都可能是影响种植是否能够成功的因素[69]。新大陆棉花更多的基因组或许除了能让它们进化生成比旧大陆棉花更长的纤维之外，也有助于它们适应更多样的环境条件。

　　工业革命最重要的革新者是植物和早已去世的美洲印第安人。新大陆

125

棉花从 26 条染色体倍增到 52 条染色体，这增加了它们基因突变产生长纤维的可能性。美洲印第安人利用了植物创造的品种并选择了发明家和其机器需要的长纤维。机械发明家并不是仅通过自己的想象无中生有地变幻出了工业革命，他们依赖于遗传的偶然性以及大西洋彼岸的不知名革新者为他们创造的使其机器得以成功的先决条件。棉纺织业对于生物革新的依赖并没有随着第一代纺织机械的面世而宣告结束，这种依赖一直延续到今天。

127　　　传统的历史在生物学的门阶前止步，它们最多承认物种间的差别，但很少试图去解释这一现象。在这种情况下，传统的方法会认为我们注意到新大陆棉花的纤维比旧大陆物种的长就足够了。但进化史的方法却直接带我们走进了生物学的殿堂，让我们获得了更深层的理解。它鼓励提出的问题是：为什么物种会具有它们的那些特性？物种并非生来如此，它们有自己的历史。

　　棉花的进化史能够让我们用崭新的目光来看待长期以来一直存在着的争论：是奴隶制让工业革命成为可能吗？1944 年，埃里克·威廉姆斯在《资本主义与奴隶制》一书中认为，来自奴隶买卖的利润为英格兰提供了工业化的资本。从那时起，历史学家就对威廉姆斯的论断争论不休。批评者争辩说，工厂主们并没有从奴隶贩子那里得到多少资本，而且贩奴的利润太低，不会起什么作用；其他人则反驳说，利润是间接涌入工业界的，奴隶买卖促进了银行的建立，而这些利润涌入了银行；还有一些人认为，威廉姆斯或许在资本投资方面出现了错误，不过奴隶买卖以其他方式支持了工业化，比如促进了对工业产品的需求[70]。这些争论中的大部分都是有关资本、原料或者需求的数量问题，如果把注意力转到质量方面，我们就可以得到全新的思考。

　　命题四是，奴隶买卖通过帮助英格兰获得新大陆的进化遗产而对工业

革命做出了贡献。贩奴三角为英格兰带来了新大陆的棉花，这使英格兰走
上了工业化的道路。不仅仅是奴隶贩子，其他商人也向英格兰出口新大陆
棉花，这促进了英格兰的工业化；但奴隶贩子在其中起到的作用是关键的。
作为奴隶港口的利物浦的兴起把新大陆棉花集中到了兰开夏郡，这为全棉
布、纺机和棉纺织厂兴起的时间和地点提供了解释。奴隶贸易也促进了对
用新大陆棉花织成的棉布的需求。

　　这一命题建立在阿尔弗雷德·沃兹沃斯和朱丽亚·德雷西·曼的工作
的基础上。他们在 1931 年注意到，三角贸易的通道增加了布匹需求和棉纤
维供给，从而促进了兰开夏郡棉纺织业贸易的发展。沿着三角的第一条边
驶离的船只满载布匹从英格兰前往非洲购买黑人，纺织品占这些船上的货
物的大约三分之二[71]；第二条边上，这些船只从非洲向新大陆转运黑人，把
他们作为奴隶在那里出售；第三条边上，这些船只带着棉花从新大陆前往
英格兰。纺织业者把棉花纺成纱，织成布，把布卖给即将前往非洲开始下
一次三角循环的商人。由于兰开夏郡位于贩奴三角的第一与第三条边的交 128
点上，它从两条路线上坐收渔利[72]。

　　兰开夏郡能够获得财富，很大一部分归功于利物浦。总部设在伦敦的
皇家非洲公司在 17 世纪后期占据了英国奴隶贸易的主导地位，但于 1698
年失去了其皇家垄断权。私家商人接手经营，贸易的地理中心也从伦敦转
移到了西部的港口，开始是布里斯托，然后是利物浦。到了 18 世纪末，利
物浦成为世界上最繁忙的奴隶港口。英格兰在 1807 年废止了奴隶贸易，在
这之前的十年中，所有英格兰贩奴船只中大约 80% 都是从利物浦起航[73]。
来自新大陆的棉花抵达利物浦，然后运往周围的兰开夏郡，成品布匹又运
回利物浦出口[74]。

　　利物浦作为奴隶港口的崛起有助于解释新大陆纤维在 18 世纪涌入兰开

夏郡的原因。海岛棉生长在西印度群岛和南美，是奴隶贸易密集的区域；产棉区毗邻大洋，接近水运航道和港口。商人们在卖出奴隶之后，看到棉花近在眼前，所以就买了棉花带回利物浦，在某种程度上这并非巧合。棉花种植园主购买奴隶，也让奴隶贩子前往产棉区。在这种情况下，奴隶贩子和棉花有助于吸引船只在三角形的三条边上航行。奴隶船只把非洲人带到新大陆卖给棉花种植园主；奴隶们种植棉花，棉花再回流到利物浦；用奴隶们种出来的棉花制造的布匹离开英格兰去往非洲，在那里把更多的非洲人变成奴隶。但奴隶贩子们也发现，他们来到的地区距离产棉区不远是出于偶然。海岛棉的生长区域恰巧与一种引进植物——甘蔗（甘蔗是一种糖料作物）的生长区域重叠。甘蔗种植者创造了最大的奴隶市场，它吸引了奴隶贩子前往这一区域，而这里恰好也种植着海岛棉[75]。

利物浦作为奴隶港口而兴起的时机也解释了18世纪后半叶在兰开夏郡兴起的革新浪潮。利物浦的奴隶贸易在1747年之后飞速发展，兰开夏郡在18世纪50年代开始大批量制造全棉布，这正是新大陆棉花进口数量增加的时候[76]。发明家们在随后的十年中投入了他们的新纺机，海岛棉的增长浪潮让企业家们能够开办新的工厂，这又推进了工业革命的到来。奴隶贸易、兰开夏郡的棉纺织业和利物浦航运一起发展起来。

如果18世纪的奴隶贸易连接的是英格兰、非洲和印度，那么奴隶贸易129 的影响就大不同了。那个三角形将限制英格兰，使它只能接触到旧大陆的进化遗产，即那两种无法支持工业革命的短纤维物种。奴隶贸易使得英格兰从一种完全不同的棉花基因组那里获益，从偶然发生的、生成长纤维的基因突变那里获益，从选择了那些长纤维的美洲印第安人的工作中获益。通过将新大陆的进化与旧大陆的工业联系，奴隶贸易有助于使工业革命成为可能。

　　但所有这些都不能让奴隶贸易成为合理的正当行为，也不说明只有奴隶贸易能够为兰开夏郡提供原棉并把成品棉布带回非洲，有些商人走的是英格兰与新大陆之间的双向路线。我的命题仅仅指出历史上发生了的事件，并没有阐述应该发生些什么或者可以发生些什么。

　　这一章陈述的情况不仅仅与有关棉纺织业的其他解释相左（表 9.1），也与对整体的工业革命的其他解释相左。正如我们在前面提到的那样，哈罗德·帕金认为，工业革命让人类得以摆脱"自然的暴政和吝啬"。这种 　130

表 9.1　棉纺织业工业化的替代性解释

基本元素	普通解释	进化史解释
造成改变的范围	人类	自然和人类
影响的方向	人类征服自然	相互
革新的类别	机械	生物和机械
发生革新的地点	英格兰	印度、美洲诸国、英格兰
革新者	英格兰人	棉花、印度人、美洲印第安人、英格兰人
时期	18 世纪后期	最近五千年
催化事件	新机器	新大陆棉花，然后是新机器
商业的重要性	有争议	至关重要
棉花的瓶颈	数量	质量与数量
棉花的变异	无，或无关紧要	关键
棉花的进化	无，或无关紧要	关键
棉花遗传学	无，或无关紧要	关键
奴隶制	重要性有争议	重大

　　注：本表比较了出现在许多有关工业革命史著作中的许多理念与本章的理念。进化历史学的方法拓宽了我们对于历史现象的因果关系的理解，而这也导致了对诸多已经多有研究的课题的新理解。

观点是正确的吗？新机器得以轰鸣，只不过是因为棉花这种植物为它们提供了足够长度、足够数量的纤维。一切其他产业也同样依赖自然为其提供原料。工业化或许让人无法看清我们对于自然的依赖，但我们今天还和以往任何时候一样依赖自然。一个更为全面的说法，是把工业化描述为提高人们在利用自然的丰姿与富饶的能力方面的一场革命。

第十章

技术史

　　本书在第九章中假定一种人为进化的产品（即长纤维棉花）促进了机器的发明，进而引发了工业革命。本章仍探讨进化对技术发展的影响，不过重点在于阐述进化史如何能够帮助我们发现现有的尚未研究透彻的领域，为我们进一步分析现有领域提供新框架，如何让我们从现有的知识当中获益。本章将以生物技术和技术史为例展开论述。

　　进化史让我认识到，对于技术史学家来说，研究生物技术这门在史学界很少受重视的课题非常重要。要看出进化史如何能与技术史搭上关系需要进行艰苦的工作，在强有力的学术领域传统面前，我的想象力实在是微不足道。在完成了我的上一个项目（有关战争的环境史）之后，我决定把人为进化作为我下一项研究的中心环节。此前十年我一直在做环境史和技术史方面的工作，我想让我的下一项研究能够与这两方面关联起来。把进

132 化史与环境史相关联比较容易，因为进化史专注于人与其他物种之间的相
互作用，但要把进化史和技术史联系起来则很困难。

究其主要原因是人们认为自然要成为技术，它就必须是没有生气的。
生物体主要以两种方式在技术史文献中出现：一种是技术的作用的承担对
象，比如树木（自然）被链锯（技术）锯倒；另一种是为机器装置提供能
量来源，比如牛的力气转动了面粉厂的轮盘。在这两种情况下，生物体与
技术相互作用，但生物体本身并不是技术。

那时候我正考虑把狗作为进化史的一个研究个案，所以我把这些想法
应用于狗科动物的历史上，看它们能在多大程度上奏效。要认识技术（链
子、项圈、狗屋）是怎样在狗身上发挥作用的，或者在比较罕见的情况下
狗是如何推动机械装置的（狗在转轮内走动，翻转壁炉前的烤肉叉子），
这一点并不困难。但这些技术虽说重要，却并不在我的核心关注范围之内，
即狗和其他物种的特性是怎样随着时间的推移而变化的。如果没有对于技
术史历经十年的投入，我或许会放弃把新的研究项目放在这一领域之内。

不甘放弃的我决定请一些朋友来帮助我。对于环境史和技术史的交叉
研究感兴趣的历史学家们组成了一个叫做"环境技术"的小组。除了其他
工作以外，这个小组还主持了一项专题通信服务[1]。走投无路的情况下，我
向这一专题服务提出了我的疑问："动物可以是技术吗？"我解释了我的困
惑，然后坐下，看会发生什么情况。随之而来的是一场热烈的争论，来自
两个领域的历史学家们都参加了。有些人认为技术作用于自然，但自然不
是技术；还有人认为，如果我们把动物当作机器，那就是贬低了动物（和
我们自己）；另一方面，有几位参与者指出了人们培养马做特定工作，并以
此作为把动物当作技术的一个例子；还有一位参与者提出，如果人们或者
其他生物体可以就某件事物得到专利，那么它就是技术。总的来说，支持

者的数量似乎超过了反对者的数量[2]。

这一讨论帮助我找到了一个现在回头看似乎是很明显的论点：即当人们改变生物体来为人类提供货物与服务时，那些生物体就变成了工具，一切工具都是技术，因此家养动植物也是技术。它们是活着的技术，或者是字面意义上的生物技术（biotechnology，其中 bio 意为"生命"）。此前我认为生物技术就是遗传工程，或者是用来在生物体之间通过无性生殖转移 133 基因的来自分子生物学的工具与方法。现在我把遗传工程的产品（和方法）视为生物技术，从这一点出发就不难看到，使用经典培育方法改造过的生物体也具有被称为生物技术的资格。我们把警铃系统看成保护房屋不受盗贼侵扰的技术，这一点很容易接受，那我们为什么不能把警卫犬视为出于同样目的而设计的技术呢？因为一切技术对于技术史学家都是同样可以接受的事物，所以活着的技术也和机械装置一样具有被研究的资格[3]。

朋友又一次帮了我。保罗·伊斯雷尔、苏珊·R. 施勒芬和菲利普·斯克兰顿在环境技术通信服务上看到了这一辩论，他们在罗格斯大学组织了一次以"生物体工业化"为主题的 2002 年研讨会。他们请我做会议的开场发言，这帮助我厘清了把人为进化及其产品置于技术史内的更多方式。这次会议上其他学者的论文也给我开启了其他新思路。施勒芬和斯克兰顿以《生物体工业化：引入进化史》为题编辑了这次会议的论文集[4]，这本书的出现标志着自称进化史的领域在技术史文献中的首次亮相[5]。

把生物技术引入到技术史领域中使我们能够更有效地为当前的辩论做出贡献。贯穿本书始末，我都用生物技术指代人们为给自己提供物品和服务而改造的生物体，不论这种改造发生在哪个年代。生物技术工业组织的网站指出了那些推动了生物技术发展的广为人们接受的目标：为世界提供食物、提高人民的健康水平、净化环境、反对生物战争等等。[6]这些目标很重要，但仅此而已吗？进化史的意义在于它专注于人类造成进化的原因，技术史学家们所处的位置最适合回答这些问题，因为他们发展了理解人类创造机器和技术系统的原因的方法；现在，我们的工作是把这些方法应用到活着的技术上来。

2002 年，尽管有 1200 万公民处于陷入饥荒的边缘，津巴布韦还是拒绝了美国的紧急食品运输，因为这些食品中含有转基因玉米。津巴布韦领导人担心，人们可能把这些玉米中的一部分作为种子在当地栽种，其花粉可能污染其他玉米，从而给该国的出口业带来灾难。在欧洲这一主要出口市场上，出于对损害健康和环境的担心，政府严格限制转基因食品的进口。134 在生物技术的提倡者与反对者两方的唇枪舌剑之间，1200 万饥饿的津巴布韦人发现自己被紧紧地夹在中间，进退两难[7]。如果遗传工程无法让我们相信生物体有时也是技术，而且它和其他技术一样具有或好或坏的潜力，它肯定可以让我们的后来者相信这一点。

工业化的经典说法中，机器代替了人和动物的肌肉，水轮代替了在碾坊中转动磨盘的牛，蒸汽机代替了拉着船只逆流而上的骡子，火药代替了弯弓搭箭或者挥动长矛的臂膀，汽油引擎代替了拉犁耙、货车和客运马车的马匹，电代替了打鸡蛋和洗衣服的手，或超前或滞后地伴随着这些变化，我们对于技术的理解同样在逐步更新。在许多历史学家的眼中，技术是由机器组成的，是由机器与人组成的联合系统。

在这种观点背后是一种有关技术和自然之间关系的假设：技术可以代替或改变自然，但自然不是技术。但是因为机器总是由金属、木头、橡胶、石油和其他自然产品制成的，所以这一假设归结为一个理念，即只有无生命的自然物体才能成为技术。无生命的自然物体可能是因为它已经死去（比如牛辕上的木头），又或者因为它从来就没有活过（比如斧头前端的铁矿）；但无论是哪种情况，无生命的自然物体都没有以自己的能力做任何事情。

技术史中流传最为久远的一个比喻把这一理念表达得淋漓尽致。利奥·马克斯曾经提出了一个著名论点：19 世纪与 20 世纪，火车头是技术入侵美国农村的缩影，他称这种入侵为"花园里的机器"。他提出，就连牛、羊、马都意识到技术已经从根本上改变了自然[8]。

尽管历史学家对于这种改变是不是人们所向往的尚未取得一致意见，但在马克斯之前与之后的大多数历史学家都以同样的方式看待技术与自然（无论是野生的或者是畜牧的）之间的关系——技术入侵了自然。

但工业化的烟雾（与自然与人类之间的浪漫精神和笛卡尔二分法一起）模糊了我们的视线。是的，机器造成了自然的根本性改变，但牛、羊、马并非仅仅见证了这次技术对自然的入侵，它们的祖先与技术的先驱者一样，它们不是机器，而是人类为服务于自己的目的而塑造的生物人工产品。它们是技术，而且正如 biotechnology 这个词的词根基本含义所意味的那样，是生物技术。要理解这一实际情况，我们需要反转马克斯的比喻，看看机器（技术）中的花园（自然）。

技术史究竟如何帮助我们理解人为进化？技术史学家们已经证明，许多社会因素塑造了技术的本质、发展和应用。这些因素包括政治、劳动者与管理层之间的关系、经济、战争、科学、制度性策略、国家身份、时尚、文化、性别、种族和阶级[9]。基于此，我对使用技术史的理念来分析生物技术进而分析人为进化有以下几点建议。

建议 1：将生物技术概念化为工厂

在分析农业与工业化之间的关系时，技术史学家最为密切关注的是工厂为农业生产的机器装置和其他工具。这些工具包括拖拉机、犁、圆盘农具、耙、联合收割机、肥料和农药。但农业也并非只是工业产品的消费者。正如1916年的一本教科书中提到的那样，农民也是制造者：他们把原料转变为有用的产品，种子、肥料、农药、牛犊和饲料是其投入，食物和纤维是其产出。一个养猪业者指的是他作为一个"生猪生产线"操作者的工作。随着20世纪的前进脚步，工厂化农场经营成了人们熟悉的术语，通常指在棚式建筑物内，在控制条件下（经常是在成群控制条件下）以最大产值和利润喂养家畜的农场，这一概念的包容性很强，足以包括所有的农场[10]。

我们可以把一个农场视为一所工厂或者一个以多种规模运行的工厂复合体。一些这样的工厂是非露天的，而其他的一些是露天的。较小的工厂在把原料转化成产品的过程中起核心作用。植物把二氧化碳、水、氮和其他元素转化成玉米，动物把玉米转化成牛肉、猪肉和鸡肉。农学家早就接受了这一说法，一位农学家说，猪需要经过改造，因为人们不应该"让原产品（饲料）通过劣等机械装置"[11]。甘蔗植株则是制造蔗糖的工厂。不仅如此，生物体也执行着复杂而且困难的任务。弗里兹·哈伯和卡尔·博施获得了诺贝尔奖，因为他们搞清楚了如何固定空气中的氮。我们很乐意将那些利用哈伯-博施法制造肥料的机械装置归于工厂一类，那为什么豆科植物就不是呢？豆科植物不是机械装置，但它们确实也把空气中的氮从一种形态转化为另一种对人类更为有用的形态。

而且，生物工厂对于农业的工业化是至关重要的。谁也没有找出把阳光、二氧化碳和几种养料转化成粮食的方法，人们只能把这一工作承包给植物。同样，制造肉类的工作也只能承包给动物。在一份有关鸡的培育，包括发展"明日之鸡"的研究中，罗杰·霍洛维茨认识到，需要继续把鸡置于生产鸡肉的中心地位，并让这种动物适应更多的技术装置[12]。

建议 2：把生物技术考虑为工人

生物技术令人神往的一个方面是生物体能够扮演各种不同的角色。它们像工厂，但它们也像工厂里的工人。跟人类劳动者一样，它们不能一直工作；工作时它们也需要进食、饮水，需要经理给它们指导；只有当温度、湿度和光照程度在某些范围之内才能很好地工作；它们只有有限的寿命；伴随年龄的增长会出现磨损；需要特定的住所；需要更多的资源才能工作得更卖力；有性生殖（有时候无性繁殖）；有时甚至会突然完全停止工作。

技术史学家们对在工厂和车间里的工人的情况研究很透彻：他们是谁，他们来自何方，他们相互之间和与管理层之间是怎样互动的，他们面临的状况是什么，他们对于产品和公司有何影响，等等。把这些研究应用于作为技术使用的生物体将会是卓有成效的：它们相互之间以及与管理层之间是如何互动的？是如何说服管理层并令其改变工作条件的？是如何得到工作补偿的？管理层通过何种方法可以让它们更多地工作？怎样证明人类劳动者与生物体劳动者是可以互换的？

例如，斯蒂凡·彭伯顿曾用狗的历史来说明人类劳动者和动物劳动者在哪些方面相似而且可以互相替换。当医学研究者肯尼斯·布林克豪斯开始研究血友病的时候，他依靠不稳定的人类劳动者提供材料。当恰好有血友病患者来到他所工作的医院时，他就会去抽取患者的血液，用以开展研究。为克服这种血液来源不稳定性，布林克豪斯雇用了血友病患者吉米·劳克林作为清洗仪器的正式员工，并在需要的时候为他提供血液。但即使劳克林也不是理想的血液提供者，因为长期用他做血液提取对象会对他造成致命危险[13]。

事实证明，患有血友病的狗是比劳克林更好的劳动者。它们每时每刻都住在实验室里，在需要的时候提供血友病患者的血液，而且可提供的数量持续增加，也不需要支付工资，虽然可能在实验中死去，但人们不必为此承受道德上的良心谴责。与此同时，人类劳动者和狗类劳动者在生物学上的相似之处也对他们的雇用者提出了一些同样的要求：对于这两类劳动者存在的具有生命威胁的状况要求医生仔细监控、手术室待命，并做好输血准备。工业化的发展为患血友病的狗提供了有效的治疗方法，这就使这种狗类劳动力成为可能。机械装置和生物学的结合能够以任何单一方式都无法做到的方式增产有价值的产品——血友病患者的血液。

处于生物技术环境中时，猪也可以成为更具生产能力的劳动者。马克·芬利曾证明，给母猪喂食经抗生素和维生素强化的食物，可以缩短它们照顾猪幼崽的时间。肉类加工者杰伊·霍梅尔注意到，这些母猪可以被"立刻送回去进行生产下一窝小猪的工作，而不必除了给它的小猪崽喂奶之外什么都干不了"。跟在装配流水线上工作的人类工人一样，母猪也在为提高劳动生产率而加速工作[14]。

建议3：将生物技术视为产品

工厂、工人和产品——生物技术包括这些所有。技术史学家研究了工业化促进产品标准化、大规模生产、品牌营销和广大区域内消费文化形成的方式。有些产品以品牌商品的方式进入市场，例如福特汽车和苹果计算机，而其他的则作为普通商品出售；再例如螺丝钉和钉子。高度加工的产品最易于进行这类分析，或许其原因在于它们是最为人知的工业产品。生物技术也变成了商品和品牌商品。

工业化的目的或结果（或同为目的与结果）之一是产品标准化。这一特点对于品牌商品尤为重要，因为产品的质量控制是维护品牌声誉的关键。生物体也经历了标准化过程，但是过程中也遇到了某些挑战。最为明显的例子之一是有性繁殖，每次都会重新安排下一代的遗传特性。为更可靠地生产某些特性，近亲繁殖便成为一种标准技术，因为它能减少遗传变异。19 世纪，瑞士想要制造一种国牛，当局从数不清的品种中确定了国牛的尺寸与外貌，通过牛的谱系记录确保这一制造过程中基因的纯正性。就这样，138如果你愿意这么说的话，一个国家品牌就诞生了[15]。

　　罗杰·霍洛维茨演示了经过工业化的家禽业在改变动物和市场方面的速度。培育者和生产者的共同努力促成了"明日之鸡"在战后的诞生。这是一种肉型鸡品种，非常适于大规模生产。当这一品种代替了农场中的老式鸡种时，营销者也改变了对这种家禽的身份认同。罗德岛红和其他品种名从菜市场的标牌中消失了，取而代之的是烤炙型嫩鸡、供煎炸的嫩小鸡、鸡胸脯和鸡大腿。一种以鸡的不同部位为基础的产品差异化取代了较早的以品种为基础的产品差异化[16]。

　　正如杰拉德·费兹杰拉德在罗格斯大学讨论会上提醒所有参会者时所说的那样，有些生物技术之所以有价值，就是因为它们是具有生命的。他以生物武器的发展作为例子，比如兔热病，当它没有生命力时是毫无用处的。兔热病病原体需要感染敌方士兵，在他们身上繁殖，让他们病倒。要让这种生物技术工业化需要研究者开发各种方法，严格控制兔热病开始繁殖的时间和地点，从而实现军事目的与国家目的。

　　建议 4：把植物与动物的培育作为技术革新来分析

　　当讨论技术时，大部分史学家通常会选用如下两种看法中的一种。一种是把技术当成外部事物，当成一种从天堂来到地球以塑造生命的机械降神。这种方式的一个变异是把技术看作科学发展不可避免的副产品。"科学发明了技术，技术为人们所应用"就是这种看法的真实写照。第二种方法把技术当成对刺激的简单回应。按照这种"必需是发明之母"的观点，人们遇到某种问题，然后发明技术以解决这一问题。这种方式的一个变异认识到，这种解决的方法可能产生始料未及甚至不正当的效果。例如，环境史学家普遍认为，人们发明了他们想要的技术，这种技术改变了自然，其结果也反过来伤害了人类和自然[17]。

两种说法都误入了技术决定主义的歧途，技术决定论是技术史学家在近二十年来一直批判的一种观点。第一种机械降神。它把技术当成一种人类必须加以适应的世界主宰。然而，历史学家已经证明，出于他们本身的目的，有些使用者经常以技术发明者从未想象过的方式来运用技术。而且，首先是社会目的在推动技术的发展，那么反过来说技术适应社会的发展也同样能够成立。第二种"必需是发明之母"。它把发明与设计看成一种简单的机械过程。决定主义在这里表现得略为隐晦，是在我们假定技术选择不可避免的时候混入的——技术标准控制技术决定，技术设计过程中的每一步都在逻辑上追随上一步，最终使得设计者能够找到最佳解决方案。但从问题的确定到设计到生产再到营销，社会因素在每一阶段都影响着技术革新。于是，社会选择也和技术因素一样塑造了设计，当某种技术在世界上出现的时候，它的设计来自技术考虑，但同样也来自建立在设计上的社会因素[18]。

生物进化与技术革新是一样的。史学家们揭露了技术决定主义，我们也需要以同样的方式揭露生物决定主义。史学家们在机械设计中证明了社会因素和技术因素的复杂相互作用，因此我们也需要以同样的方式证明生物设计中社会因素和生物因素的复杂相互作用。培育者并没有在一开始就打算创造某种柏拉图式的理想的完美植物或动物，培育中的每一步也并没有不可避免地紧跟上一步。如果培育必然一直在向一个普适的理想型挺进，家养生物的特性应该在很久以前便稳定下来了。

与此相反，许多社会和环境因素引导培育者以某些方式定义自己的目标，并强调某些特性超过强调另一些特性。随着时间的推移和环境的改变，培育者的目标也在变化。20 世纪，种子公司的目标之一是迫使农民每年购买新的种子，而不是年复一年地从他们自己的收获中选取种子重新栽种。农民被迫种植第一年生长良好而下一年生长欠佳的作物品种。生物学与遗传并没有决定作物的这一特性，这一特性体现了生产者的一种社会（经济的）目标：以损害农民的利益为代价为自己增加利润。

有些历史学家已经开始这一方面的研究，虽然他们通常打着研究培育而不是研究进化的旗号。威廉姆·博伊德、黛博拉·菲兹杰拉德、杰克·克罗彭伯格、哈利耶特·里特沃和约翰·帕金斯都曾追踪过植物和动物培育从不那么正式的系统向更为正式的系统的转化。他们确认了许多导致培育实践和效果发生变化的因素，包括农艺知识、政府的研究赞助、遗传学科学的兴起、资本积累、商品化、国家安全、农业研究站和大学、机构的野心、国际贸易、乡村经济和政治、阶级焦虑和对于饥饿的关切[19]。 140

另一个把培育作为革新加以研究的原因是，它纠正了经济史上的一个明显的错误解释。为解释美国农业生产力的提高，经济历史学家专注于研究机械装置（拖拉机、犁）和化学药品（肥料、杀虫剂）的革新。他们模糊地假定农田中的生物体恒定不变。数据似乎支持这一观点，每英亩的产量一直大体保持恒定而每个劳动者的产量在增加。经济历史学家就此认为，他们有充分理由把这一增加归功于机械装置。这一观点与大量文献一致，即机械装置的扩大使用或其对人力的取代提高了许多行业的生产率[20]。

然而经济学家阿伦·奥姆斯戴德和保罗·罗德证明，这一广为大家接受的观点只有一半是正确的。问题出在认为麦田中的生物体保持恒定这一假定上面，它们并非恒定。农民们知道，小麦品种在经过几年的耕种之后便"后劲不足"，这迫使他们改用新品种以保持产量。后劲不足的原因并不是麦子发生了变化，而是麦子的天敌发生了变化。昆虫、疾病和杂草不断进化，渐渐攻破了小麦品种的防护层，因此培育者必须培育出一系列新品种才能跟上麦田里物种进化的脚步[21]。

如果没有对作物的培育，作物产量就会大大下降，归功于机械装置的生产率提高也会大大减小。遗传生物学家称这种生物体仅仅为了跟上其他物种的进化脚步而进化的现象为"红皇后假说"。据奥姆斯戴德和罗德估计，1880年至1940年间，小麦生产率的提高约40%应该归功于对小麦的培育[22]。

经济历史学家未能认识到生物学的重要性，这让我们看到，人们对生物学和机械对农业影响的认识是如此的不平衡，令人惊讶。如果农民购买固定数量的拖拉机，从此再不加以维修、不进行替换，今后的一百年间也不再购买其他机械，我们可以毫不犹豫地预言生产率下降。如果把研究对象换成生物体对农业的影响，由于我们所受的训练，我们绝不会做出同样的预言。我们经常用持续革新来形容技术，但生物体才是这一过程的行家
141 里手。进化史鼓励我们以同等的方式对待生物体。

这种情况并非小麦所独有，工业化经常依赖于有机进化。在奥姆斯戴德和罗德的工作中引用的例子包括培育适于野外工厂的猪和鸡、适于科学实验室的患有血友病的狗，和适于工业化造林的树木。未来的历史学家会不会看到，工业化的第一波是机械化，而生物技术作为对机械化的补充和代替，将成为第二波工业化的主要内容[23]？

努力迈出下一步，我们甚至可能逆转关于最适于工业化的技术类型的假定。我们通常认为机械装置与工业化相适应并推动工业化前进。但实际上，生物技术或许比机械装置还更适于工业化发展。提高生产效率的一个方法是减少制作某一产品的工序。设想我们可以把工序大大减少到这样一

种程度，以至于装配线同时也是产品本身。这样，通用汽车每卖出一辆汽车，它也在同时卖出装配线。通用汽车将必须为每辆汽车构筑一个新的装配线，这当然是一个不可能实现的假设。但生物技术正在不断地让这种壮举成为可能。生物体把原料转化为产品，例如把饲料转化成肉，然后留下工厂本身成为产品，而且它们留下的是新的、自我组织的装配线，这些装配线将永无休止地成为产品。工业化的前途或许就建立在更大程度的生物化而不是更小的生物化上面。

建议5：不再强调植物—动物二分法是组织理念的首要方式

五十年前，绝大多数大学都有独立的动物学系和独立的植物系。在20世纪的60年代与70年代，许多大学把这两个系合并成了单一的生物系。现在，生物系又再次拆分成细胞学系和分子生物学系，或者拆分成微生物学系、生态学系和进化生物学系。其结果是让学习植物细胞的人感觉，与学习植物分类学或生态学的人相比，他们与学习动物细胞的人的关系反而更加亲近。在传统培育的年代，植物—动物两分法可以如鱼得水，既然我们现在处于可以横跨分类学转移基因的时刻，这些基因起源于植物或动物就远不那么重要了。因具有了萤火虫基因而能在黑暗中发光光的烟草就是遗传工程具有跨越生物王国潜力的一个例证[24]。

142

建议6：通过进化史扩大技术史的范围

技术史学家的一个共同呼声是将技术史的学术知识与其他领域更紧密地联系起来，以此证明技术在历史上的重要性。进化史具有给出一些这样的联系并鼓励学科结合的潜力。为理解人们为什么将其他物种塑造成了技术，我们或许可以将目光转向科学史、文化史、经济史、政治史和社会史等领域；很快我们便会发现，历史的每一个领域都与进化史具有交集，都能为其贡献一些重要的内容，都很有可能从这种相互作用中获益。一旦我们从共进化的角度思考，我们就会鼓励自己不仅考虑人类是怎样塑造生物体的，也应该思考生物体是怎样塑造人类的。这种观点并不意味着技术决定主义的恢复，因为共进化强调变化，这将为我们提供一种非同寻常的灵活的方法来思考人类、自然和技术相互塑造的方式。

当我们更加充分地把生物学与我们对于工业化的理解相结合，我们对过去和现在的理解将更加理智。今天的工业持续依赖于植物、动物和微生物。如果没有植物来吸收光能并将之转化为糖和蛋白质，工业化了的农业就会消亡；面包业和酿酒业将因为没有酵母来把糖转化为二氧化碳和酒精而关门大吉；建筑业必将因为没有树木把二氧化碳和水转化为家居与办公室所需的各种长度与密度的纤维素而发生重大转型；制药公司因为没有可以模仿的具有药物性质的植物分子而倒闭；遗传工程，作为世界上最为高科技的产业之一，将因为没有生物体能够提供与接受进行某些工作所需的基因而寿终正寝。到了 21 世纪末，在生物技术工业的持续影响下，历史学家很有可能会理所当然地把生物体当作技术的形式。

气候变化和生物技术扩大了人为进化的规模，这种理解的重要性也日益凸显。正如我们前面讲到的那样，人类早就改变了区域性的环境，并因此改变了在那些环境下的物种进化。气候变化意味着这些人为进化已经变143 成了全球性的。作为一项有生命的技术，生物技术完全不是什么新鲜事物。但是遗传工程带来了一项能够在不同的分类组之间转移基因并加速物种进化速度的奇异能力。如果我们想要理解遗传工程在今天和未来将如何塑造人类体验，我们理所当然地需要回顾人为进化过去塑造人类的方法。

进化史有助于那些曾经认为进化在其范围之外的领域的研究。传统上来说，技术史学家研究的是利用无生命力的自然制造的机械装置和其他工具，生物体可以为技术提供能源，或者技术可以在它们身上起作用，但它们并不是技术。进化史对这一定论提出挑战。进化史鼓励我们寻找人为进化在过去的每个时期所起的作用，它帮助我们看到，人们已经改造了生物体，让它们为人类工作，人类把野生动物转变成了技术。认识传统的改造其他物种使之为人类工作的方法（培育）和最近的方法（遗传工程）之间的这一联系，能够让技术史学家参与到有关生物技术的目的和可能影响方面的国家政策讨论中。

　　本章利用技术史来说明其他领域如何能够加强进化史。为理解工厂、工人、产品和技术革新，技术史学家发展了复杂的概念。我们也可以把那些概念应用于生物技术。这样做为推翻过去长期存在的错误观念创造了机会，比如过去在经济史中认为是机械革新和化学革新推动了美国农业生产率提高的想法，事实上，生物革新在其中起到了关键作用，小麦增产一半应该归功于生物革新。现在，生物革新可以与机械革新一起，成为技术史学家关心的中心问题，向认为工业革命是用机械力代替人力的主流说法发起挑战。

　　在遗传工程的世界中，某些物种将会发现，它们的合并嫁接向传统分类学提出了挑战。拥有人类基因的稻米作物是植物还是人类？答案是，当人为进化引领其他物种和我们自己进入了一个新纪元，我们需要新的方法 144来组织我们对于世界的认识。

第十一章

环境史

本书第十章中以技术史为例说明进化史在拓宽那些可能看上去与进化几乎毫无关系的领域的潜力。本章将探讨环境史与进化史的联系。环境史是研究人类与周围环境之间随时间变化的相互作用的领域，环境史学家们总是对人类对于其他物种的影响和其他物种对人类的影响有兴趣，因此，环境史与进化史的关联似乎显而易见。

人们可以把进化史当作环境史的一个子领域或者是研究课题，我同意这一说法，而且我认为，进化史也可以是技术史的一个子领域或者是研究课题（不仅如此，我将在下一章中提出，进化史也可以是其他领域的子领域或研究课题）。这种认识也曾让我面临一些令人尴尬的处境。有一次，我在研讨会上把进化史说成是环境史和其他领域的一个子领域或者研究课题时，一位同事建议我斩断这一术语学上的戈尔迪之结①，并把进化史称为一个领域。从那时起我便一直遵循他的建议。

本章将指出进化史在环境史中有意地扮演的低调角色。这样的模式后面或许另有隐情，我们将比较进化史与历史以外的学科为应用进化论理念所做的努力。

进化在环境史上扮演的角色小得令人吃惊。2010 年，在对"环境史文献目录"上 40000 多份研究进行的搜索中，只在 17 份研究的作者把进化作为一种分析工具，而且这些研究的大部分作者并非环境史领域的人员。剑桥大学的"记录环境变化研究目录"中只有 2 位研究人员的工作领域或许可以算作生物进化[1]。搜索总会漏掉一些作品的来源，但即使是完美的搜索引擎可能也不会给出具有本质差别的结果。考虑到搜索的基数为 40000，有关进化史的文章和书籍需要再多出几个数量级，才能显著地改变这一情况。

大部分自称环境历史学家的人所进行的有关人为进化的研究都专注于植物与动物的培育，比如约翰·帕金斯、黛博拉·菲兹杰拉德、哈利耶特·里特沃和埃里克·斯托伊可夫维奇。也有几篇其他题材的研究，帕金斯和我曾写过有关进化产生对杀虫剂的抵抗力的文章；约瑟夫·泰勒曾经描述过孵化场对鲱鱼种群的基因组成的影响[2]。前面的章节总结了大部分这些研究工作的论点，我们或许还可以再加上几篇相关研究，但不会很多。

一些环境历史学家的文章广为人们阅读，而且他们对环境史和进化史的联系颇感兴趣，如果考虑到这一点，相关论著如此之少就更让人费解了。多纳尔德·沃斯特曾呼吁历史学家把文化理解为一种适应，是人类"对自然环境给予的机会或压力在头脑中的反应"。约翰·麦克尼尔曾经提出，通

①　戈尔迪之结为希腊神话中弗利基亚国王戈尔迪所打的结，按神谕只有将成为亚细亚统治者的人才能解开，后被亚历山大大帝用利剑斩开。——译者注

145

过重新安排世界生态，人类在其他物种的种群中创造了"与人类共存的共生选择"。来自其他领域的史学家们也曾呼吁更多地使用进化论的理念。菲利普·庞珀和大卫·加里·肖主编了一部题为《科学的回归：进化、历史和理论》的书；丹尼尔·罗德·斯梅尔使用进化史这一术语呼吁历史学家，想要让他们认识到：进化通过对我们头脑的影响塑造了人类历史；与大部分把进化和历史相联系的努力一样，庞珀和肖编的文集和斯梅尔的书也集中关注了人类的进化，但很少对非人类物种进行有关讨论[3]。

关于人类对其他物种种群进化的影响，其他领域如地理史和农业史的学者的相关著作比环境史学家要更多一些。杰瑞德·戴阿蒙德在《枪、细菌和钢》中认为，接受农业是人类历史上最具革命性的行动。他强调，无意识选择在这一过程是至关重要的。在 *Like Engend'ring Like* 一书中，尼古拉斯·罗素向认为 19 世纪以前的培育者进行了系统培育这一想法提出了挑战。他发现，与针对特定特性的培育相比，"偶然的、家养环境下的选择"更多地推动了肉、羊毛和其他动物产品生产率的提高。罗素认为，驯化与控制培育选择了动物快速生长与性成熟的特性，其原因仅仅是养殖者想要尽可能多地让家畜交配繁殖[4]。正如前两章中讲到的，经济历史学家阿伦·奥姆斯戴德和保罗·罗德曾极有说服力地写到了美国的农民与科学家塑造农作物进化的方法。

环境史学家对于进化缺乏兴趣，这可能是由多种因素造成的，但有三点原因似乎最为可能。首先，历史学家可能对进化、特别是对人为进化缺乏了解。历史系的大学和研究生课程中很少有科学课程，更不要说进化生物学了。即使那些曾经学习过进化生物学课程的学者也可能对人为进化知之甚少。一些最常用的教科书也略去了对这一内容的讨论。教科书《进化生态学》的作者埃里克·皮安卡曾写道，他"总是试图把进化生态学表现为一种'纯科学'"[5]。因此，如果历史学家把进化看成是发生在历史时间之外的并且与人类行为脱节的事物，这也就不令人奇怪了。

最近发表的有关进化生物学的著作或许有助于改变这一状况。把他的教科书的前几版奉献给"纯"科学的皮安卡，在其《进化生态学》第六版（2000）前言中写道："现在人类在生态系统中的统治地位达到了如此程度，以至于纯生态几乎已经从地球表面消失了！因此，形形色色的人为效果将穿插在这一版的每一章之中。"皮安卡用遗传变异性的丢失、绝种和微生物的进化作为这些认为效果的例子[6]。

第二，历史学家可能认为，进化在他们的研究工作中不如其他科学有用或不如其他科学重要。作为现代环境学主力科学的生态学和公共卫生学在环境史中也具有头等重要的地位[7]。在"环境史文献目录"上搜索"生态学"及其相关字条，得到了3543项条目，"健康"出现了1442次。它们的优势地位毫不奇怪，对于环境的关切吸引了许多学者关注环境史，这不仅影响了他们的科研选题，或许也促成了他们对于研究工具的选择[8]。

更准确地说，历史学家可能认为，生态学中的一些领域比另一些领域更有价值。进化生态学和生态遗传学自始至终都为环境史学家提供了生态学和进化研究之间的桥梁[9]。但环境史学家更倾向于关注社区、生态系统和种群生态，或许这些领域（加上公共卫生）看上去在理解环保主义者和环境史学家共同关心的一些问题——如荒野、国家公园和森林、野生动物、人类侵扰、植物与动物入侵，以及污染等——时更有用处[10]。本书建议，在这一名单上加上进化生物学和遗传学，这将改进而不是取代那些人们已经对其有极大兴趣的领域。

第三，历史学家可能出于理智的或政治的原因而反对使用进化理念。科学与技术研究领域曾鼓励人们敢于怀疑那些科学自命为真理的说法。社会生物学家和进化心理学家曾试图把大部分人类行为归结于基因与自然选择，但这一尝试对人文学家和社会科学家构成了挑战，他们认为基因和自然选择是属于他们的研究内容。任何对于进化理念的使用，都可能让人看上去是在打开学科吞并的大门。社会达尔文主义者和优生学家们也曾被进化生物学所吸引，或受到其启发。人们很容易用人类的理念来曲解自然，然后反过来声称这些理念来自自然，因此这些理念必然正确。如果历史学家使用进化论的理念，他们是否会发现，自己正在为生物决定主义辩护[11]？

这些担心确实值得考虑，但也不会造成无法逾越的障碍。进化生物学从来没有把任何与它有所重叠的学科收归自己帐下，哪怕是在科学领域中的学科。我们也没有理由相信，历史学会比生态学更加弱不禁风。尽管社会生物学家和进化心理学吸引了人们的注意，但我们不应该错误地认为，他们就是全部的进化生物学家。与此相反，进化生物学家加入了攻击生物决定主义和基因决定主义的奇袭部队。他们令人信服的说服力并非来自于对进化的排斥，恰恰相反，来自他们对于进化理论和证据的掌握。保罗·厄里奇、斯蒂凡·杰·古尔德、卢卡·卡瓦里-斯佛尔扎和理查德·列文丁曾指出，人类携带的基因远不足以为每一种人类特性编码，过去对于进化生物学的应用是建立在伪科学（bad science）的基础之上，种族更多的是文化概念而非生物学概念，环境不但深刻地影响了遗传特性的表达同时也影响了文化特性的表达。如果这些观点能与历史学家的观点结合，在讲述人类历史时能够从基因是否已经或者尚未发挥重要作用的维度展开，这种结合而成的观点实在令人期待[12]。

同样地，我们不应该让怀疑主义走向对其他学科领域的排斥。科技研究领域的学者也已经开始从社会维度考量他们的客观研究。这一现象应该让我们对现在使用的所有这些分析工具有所怀疑，无论这些工具来自人文科学、社会科学或者自然科学；与此同时，我们应该欢迎有用的理念，无论其来源如何。最后，我们必须与任何理念的政治滥用现象作斗争，包括对进化理念的滥用。我确信，更为深刻的知识会让人们的政治行为更为有效，而不是更为无效。

没有读过很多科学著作的历史学家或许会很惊讶，进化生物学家竟然如此强调遗传变异、机会、环境和历史偶然性在创造我们生活于其中的这个世界中扮演的角色。道格拉斯·菲秋马在他撰写的进化生物学的标准教科书中提出："于是，在进化中就出现了造成历史偶然性的一个重要元素：即生命系统的条件，或者说生命系统的环境。在某一时刻，当出现多种能让生命系统改变的途径时，决定选取哪条途径的就是生命系统的环境。对于生命系统性质的历史解释是进化科学对生物学最重要的贡献之一[13]。"偶然性、多种可能的途径、过去对现在的影响——这些听上去与历史学期刊的反对这种或那种决定论的理念何其相似。遗传生物学家并不像讽刺漫画那样，把生命体视为具有固定特性或命运的实体，而是认为它们极具多样性并变化多端。

尽管生物学以外的许多学科都创造了进化领域，但它们都不能与进化史等同。无论是遗传进化或文化进化，几乎所有现存的领域都聚焦于人类的进化而把非人类物种排除在外，一个例外是进化医学或称达尔文医学。进化医学的倡导者认为，大部分普通内科医生把人类的身体视为由漫不经心的工程师设计的机器，医生的任务就是修理破碎的机器。进化内科医生则把人类的身体视为生命体，这一生命体通过进化生成迎接病痛挑战的方法。在遇到感染症的时候，普通内科医生可能会想办法控制高烧，因为看上去这是病原体引起的麻烦。进化内科医生也认为高烧可能是病原体引起的，但另一方面，高烧也可能是身体通过加热杀灭病原体的手段。（进化内科医生以共进化理念为中心，他们预期，人类通过进化会获得对于某种病原体的抵抗力，而这种病原体也可能进化得到一种可以绕过人类防线的方法，而这又可能会导致人类的进一步进化。）因此，控制高烧可能会妨碍机体恢复。就本书的目的而言，重要的是人类的经验，在这个有关疾病的例子中，重要的是相互进化的长期历史导致的最后结果。身体进化形成了防 149 线，生物体进化，得到了绕过防线的方法（HIV 病毒的迅速进化是一个很好的例子）。脱离历史来理解人类和其他物种的生物学导致了对疾病的原因与效果的错误认识，因此使人们未能采取最佳治疗方案。要发展有效的医学，我们需要理解人类和与人类共存的生物体的历史和生物学[14]。

曾经有人努力在整个社会科学领域内发展文化、行为和制度的进化模式。与社会生物学和进化心理学不同，这些努力没有以基因为基础进行分析，而是把遗传进化视为一种有用的类比。进化经济学家把公司类比为生物体，把市场当作是自然选择的对应物，把惯例（做某些事情如营销的重复方式）当作基因的对应物来研究。正如第八章所述，人类学家（还有生物学家）把基因和文化视为平行且相互作用并服从于选择的信息系统。这两个系统在可继承性、能够影响人类行为和不完美地传播信息方面相互类似。它们之间的差别在于，基因只能通过父母向子女传递信息，而文化则可以在无血缘关系的人们之间传播，能跨越辈分传播，能让个体从其他人那里接受所需的特性[15]。

尽管这些领域在几个方面存在着差异，尽管进化史学家无需接受它们的理念，但它们说明了把一个研究项目定义为一个领域的价值。把"进化"加在学科的名字前面有助于学者们找到合适的研究方法，找到有着类似兴趣的其他学者（包括在其他领域内的人们），并发展相互关联的文献。这些领域中的几个已经发展壮大，足以让它们的主题标目在国会图书馆的检索目录中占有一席之地[16]。

　　作为历史的一个领域来发展进化史将给我们带来类似的优势：自我定义、研究想法、确定与其他学者的共同基础以及发展相互关联的文献。最终，这一领域的价值将体现在其对历史学和生物学的新的、或是经过修正的解释。下一章，我们将简要地介绍进化史如何能够改进技术史和环境史以外的领域的研究，包括像政治史和艺术史那样与进化史迥然不同的、令人出乎意料的领域。

150

第十二章

结论

　　读完本书，我希望读者能够有五点收获。第一，进化无所不在；第二，人类造成了人类和非人类物种种群的进化；第三，人为进化造就了人类和自然的历史；第四，人类与非人类种群一直在共进化，或者说为相互回应对方的行为而持续地变化；第五，把历史学观和生物学观与进化史相结合能够让我们更充分地理解过去。

　　我认为这有助于解决一些我们每个人都会在日常生活中碰到的困惑。为什么我们的亲人在使用了抗生素的情况下还是因感染而去世？为什么我们捕捞了这么多小鱼？为什么两百年前的有角动物的角比我们今天看到的大？为什么有些人肤色浅，有些人肤色深？为什么我们在花园里喷洒了杀虫剂但有些昆虫却依然能够存活？为什么有些国家的成人不能喝牛奶？为什么我们要穿棉布衣服？所有这些问题，进化都能为我们提供一部分答案，人类历史则可以提供另一部分答案。我们所有人都生活在一个由进化史塑造的世界之中。

　　我也希望，这些观点能够鼓励许多不同领域内的学者把进化引入到他们的工作中，这也是我想在这篇结论中集中阐述的主题。第九章提到，工业革命是研究 18 世纪至 21 世纪的几乎所有领域的历史都绕不开的话题，而进化史对工业革命的历史进行了一次戏剧性的修正。大部分研究都认为工业革命的起因在英格兰：或许是发明者的辉煌成就，是对实践的注重超过了对理论的注重，是政府对私人资产的扶持，是时尚的潮流，是日益高涨的努力工作的承诺，是迫使乡村劳动力脱离土地的圈地运动，是商业银行，是贸易公司，或者是其他英格兰人独创的事物。修正主义者强调了殖民地和奴隶贸易在原料供给、成品货物的需求和资本上的定量影响，但即使是他们也倾向于把发起与控制事件的荣誉归于英格兰人。

　　第九章推翻了人们普遍接受的说法。我们把注意力从英格兰转移到了新大陆，从英格兰人转移到了美洲印第安人，从发明家转移到了农民，从棉花物种的一致性转移到了它们的变异，从鼓励发明的英格兰文化转移到了鼓励并不断革新的棉花基因组。英格兰发明家和工厂主对美洲印第安人和美洲棉花创造的机遇做出了反应；奴隶贸易因为连接了英格兰与新大陆的进化遗产而在其中扮演了关键角色；其他学者确认的工业革命的推动力或许是重要的甚至是必须的，但并非充分因素。棉纺织业的工业化依靠来自新大陆棉花物种的长纤维，而这种纤维则归功于棉花的基因组、美洲印第安人和新大陆上的人为进化。

　　第十章描述了进化史如何能够拓宽一个第一眼看上去似乎很难与进化搭界的领域。技术史学家早就意识到，生物体受到技术的影响，但我们却很少把生物体当作技术。这一盲点一定会让百年后的史学家感到吃惊，那

151

时他们的四周环绕着遗传工程的产品，因而会理所当然地认为有些生物体是技术。经过改造的物种的种群为人类提供物品和服务，它们是有生命的技术，或称生物技术。生物技术并非起源于分子生物学；改变其他物种的种群使之为人类所用的方法可以数出一长串，基因工程只不过其中最新的一项。为理解机械装置的发展、使用和影响，技术史学家已经发展出一套强有力的理论，一大批机会正在等待着那些把这些理论应用于生物技术史的历史学家。

第十一章探讨了进化史与一种明显与其具有重叠的领域——环境史的交集。人与其他物种的相互作用是环境历史学家关注的一个核心问题，所以我们可以预期，环境史的研究人员将把进化作为他们工作中的一个重要部分。但也有一些例外，有些环境历史学家们经常借鉴生态学和公共卫生学的知识，但很少从进化生物学那里获得灵感。这一状况不利的一面是，我们对于进化在历史上扮演的角色的了解少得令人尴尬；而其有利的一面则是，决定研究进化史的环境历史学家将很容易取得丰硕的成果。

第九章至第十一章只讨论了与进化史重叠的几个领域，但几乎每一个其他领域的历史学家都能将进化引入他们的工作之中。一种途径是将进化考虑为人类活动带来的后果。表 12.1 的第一列给出了历史学家研究的社会推动力，诸如政治、经济、艺术和科学。第二列给出的是来自本书的例子，我们从中可以看到每一种社会力是如何影响某些种群的进化的。其余各列确定了有哪些领域能够用上述例子来说明，这些领域研究的社会力影响了非人类物种的进化，因此是重要的。表 12.1 的精神是历史学家应该养成一种思维习惯，他们可以运用这一习惯来探索社会力是如何改变生物体的真正特性，即其 DNA 以及社会力是如何改变历史学家经常强调的人类经验的各个方面的。

偷猎象牙出现在表 12.1 的前九行中，它为进化史如何帮助历史学家看到社会力带来的进化后果提供了例子。国家构建是政治历史学家的核心关注之一。无牙大象和体型缩小的北美野山羊说明，政府的能力或政府能力的缺失影响了非人类物种种群的进化。因此，当论及国家能力的重要性时，政治历史学家不但可以强调它的社会与政治重要性，也可以强调它的遗传影响。社会史学家和艺术史学家研究了艺术品位的发展和艺术作为地位象征所扮演的角色。在揭示某些社会阶层渴望获得牙雕的原因的过程中，这些领域中的历史学家们同时也发现了非洲象进化为无牙的原因，或许我们将在某一天读到把审美学作为一种进化推动力的研究。经济历史学家早就在关注收入和贸易。贫困与贸易促成了为谋取象牙而偷猎大象，经济学家也一直在研究塑造了非洲大象种群特性的力量。可以用类似的分析方法阅读表 12.1 的后面各行。

153

表 12.1 社会力塑造了进化[a]

社会力	例子[b]	政治史	经济史	外交史	社会史	技术史	科学、医学史	环境史	进化生物学
政府的弱势	弱势政府允许偷猎，导致大象无牙（3）	X	X		X			X	X
政府的强势	强势政府实施狩猎法，导致北美野山羊的体型和角的尺寸减小（3）	X					X	X	X
艺术	牙雕需要象牙，导致大象无牙（3）		X		X	X		X	X
娱乐	台球用球需要象牙，导致大象无牙（3）		X		X	X		X	X

154

续表

社会力	例子[b]	政治史	经济史	外交史	社会史	技术史	科学、医学史	环境史	进化生物学
音乐	钢琴琴键需要象牙，导致大象无牙（3）		X		X	X		X	X
时尚	餐具手柄需要象牙，导致大象无牙（3）		X		X	X		X	X
贫困	贫困促使人们偷猎有牙大象，导致无牙变异（3）	X	X		X			X	X
贸易	对象牙的需求导致大象无牙（3）		X	X				X	X
贸易规模	象牙贸易的全球化使偷猎加剧，导致大象无牙（3）		X	X				X	X
狩猎	巨型长角美洲野牛进化为美洲草原野牛（3）				X	X		X	X
捕鱼	体型更小的，不进深海的鲑鱼（3）	X	X	X		X	X	X	X
医药	对抗生素和杀虫剂的抵抗力（1，4，8）		X			X	X	X	X
农业	对杀虫剂的抵抗力（1，4，8）		X			X	X	X	X
毒品政策	古柯对草甘膦的抵抗力（4）	X		X	X			X	X
政治叛乱	叛乱分子种植古柯来给叛乱以财政支持，导致古柯对草甘膦产生抵抗力（4）	X		X				X	X

续表

社会力	例子^b	政治史	经济史	外交史	社会史	技术史	科学、医学史	环境史	进化生物学	
战争	为军事目的研发滴滴涕，导致害虫对其产生抵抗力；镇压叛乱的战争导致古柯对草甘膦产生抵抗力（4）	X		X		X	X	X	X	
追求利润	出售抗生素与杀虫剂导致目标物种对其产生抵抗力（4）		X			X	X	X	X	157
广告业	抗菌肥皂的推广或许导致了对三氯生的抵抗力（5）		X		X	X	X	X	X	
宪法分权	各州的参议员促成了联邦政府对玉米种植的支持，这导致了肥胖，肥胖或许导致了肠道菌群的进化（5）	X					X	X	X	
能源种类	烧煤造成了颜色更暗的胡椒蛾（5）		X			X		X	X	
价格优势	煤比其他能源便宜，导致颜色更暗的胡椒蛾（5）		X			X		X	X	158
政府法规	清洁空气法案引发了从煤向其他清洁能源的转变，使胡椒蛾恢复了浅颜色（5）	X	X			X		X	X	
交通	汽车和卡车燃烧的化石燃料使地球温度升高，影响了哺乳动物、昆虫和植物的进化（5）	X	X		X	X		X	X	

续表

社会力	例子b	政治史	经济史	外交史	社会史	技术史	科学、医学史	环境史	进化生物学
垃圾处理	容许狼在营地周围活动或许促成了狗的形成（6）				X	X		X	X
对于危险的警告	容许狼在营地周围活动或许促成了狗的形成（6）				X	X		X	X
方便	收集种子和驯化某些动物的动机（6）				X	X		X	X
科学	研究人员驯化狐狸（6）；动植物培育（7）					X	X	X	X
遗传工程	改变棉花、玉米和大豆的特性（7）		X				X	X	X
帝国主义	转运棉花至其能适应的新气候中（7）	X	X	X		X		X	X
对社会地位的渴望	培育纯种牛和狗（7）		X		X	X	X	X	X

159

160

a 大部分历史学家不认为社会发展过程是进化的动力，但它们确实是。本表说明了不同领域的历史学家可以探讨他们所研究的课题的进化后果，这样有助于扩大其工作的涉及面，提高其研究成果的重要性。例如，政治历史学家可以说明，较强的国家能力（政府实现其目的的能力）不但能管制公民的生活，也能塑造美洲野山羊的进化；较弱的国家能力不但能塑造非洲人的生活，也能塑造大象的进化。

b 括号内所示数目系表中例子在本书中所在的章节。

表12.2转移了关注的焦点：从作为人类活动造成的下游后果的进化，转移到了塑造人类历史的上游推动力的进化。正如杰瑞德·戴阿蒙德所证明的那样，历史学家研究的几乎每一件事都是家养植物与动物的人为进化的副产品[1]。我在此强调的是更为精细的更新的例子。表

12.2 的第一列强调的是进化过程，第二列提供了这些过程在本书中的例子。其余各列确认了一些领域，这些领域的研究恰好能够把这些进化过程融入其中，并帮助理解塑造其历史的力。比如社会历史学家与经济历史学家在研究渔业崩溃对一个区域（如新英格兰）造成的冲击时可以把尺寸选择列入他们的原因列表内。渔民的大量捕捞令海里的水生动物数量锐减，而且他们常常捕捞体型最大的鱼类，这就造成了有利于小尺寸鱼类的选择，这些共同削减了他们的生计。技术史学家可以研究如何发展更有效的捕鱼方法来加速小尺寸鱼类的进化，政治史学家可以关注对小尺寸鱼类有利的尺寸选择如何加剧了美国和加拿大之间因鲑鱼资源而造成的紧张关系。

　　人类总是身在进化的种群中畅泳。我们往往认为，进化是在一个远离我们的时间和地点里发生的事件，跟人类世界毫不相关。但事实恰恰相反，生物体的种群过去一直在进化，现在正在进化，将来也会持续进化，我们自己的种群也不例外。我们塑造了其他物种的种群进化，它们也塑造了我们的进化，而且我们将一起进化，直到我们从这个世界消失的那一天为止。

　　在这个气候变化和基因工程的时代，不考虑人类的复杂性就无法理解进化。我们生活在社会中，依赖于某些人为进化的产品（家养植物与动物）才得以生存，但也受到其他人为进化的产品的威胁（如病原体、对我们投放的杀虫剂产生抵抗力的昆虫、因应对捕鱼业而进化生成小尺寸的鱼类等）。历史学帮助我们了解人类的复杂性，进化生物学帮助我们理解种群共进化的方式，历史学与生物学的结合能够让我们更好地理解这个世界。

表 12.2　进化塑造了人类历史[a]

社会力	例子[b]	政治史	经济史	外交史	社会史	技术史	科学、医学史	环境史	进化生物学
适应	对抗生素的抵抗力导致疾病、死亡和新的抗生素；对杀虫剂的抵抗力增加了农业损失，增加了成本（4）		X		X	X	X	X	X
尺寸选择	渔业、生计和食品供给的崩溃（3）	X	X	X	X	X	X		X
驯化	使定居社会、阶级社会结构、文字、欧洲人入主美洲等地成为可能（6）	X	X	X	X	X			X
选取	新的棉花品种存活，允许棉花种植和奴隶制继续存在（7）；长纤维棉花在新大陆的发展支撑了工业革命（9）	X	X		X	X		X	X
培育	植物和动物的农业培育让大约 50 亿人口得以生存（7）；绿色革命是冷战战略的一部分（10）；农业的工业化依赖于培育（7）	X	X		X	X	X	X	X
杂交	产生了支持公司、农民和农业经济的棉花、玉米新品种（7）		X		X	X	X	X	X
适应环境	种子的转运把棉花文化和奴隶制传播到了新地区（7）	X	X	X	X	X	X	X	X

（左侧页边：162 对应"驯化"行；163 对应"培育"行）

续表

社会力	例子^b	政治史	经济史	外交史	社会史	技术史	科学、医学史	环境史	进化生物学
突变形成	突变产生不育的雄性螺旋蝇，降低了饲养家畜的花费（7）		X	X		X	X	X	X
遗传工程	把基因（即特性）跨越物种和生物界转移，以增加作物产量、食物供给和公司利润（7）		X			X	X	X	X
近亲繁殖	创造能够增加产量和利润的纯种系动植物（7）		X			X	X	X	X
克隆	创造基因相同的个体（7）		X		X	X	X	X	X
灭绝	几乎消灭了致命的天花（7）	X	X	X	X	X	X	X	X

164

　　a 历史学家极少认为进化是历史发展的推动力，但它们确实是。本表以实例说明了不同领域的历史学家可以将进化包括在其研究范围之内，从而更全面地理解历史的因果关系。第九章以工业革命为例，深入解释了进化在其中所扮演的，未被承认的核心角色。

　　b 括号内所示数目系表中例子在本书中所在的章节。

165

有关资料来源的说明

　　本书叙述的进化史试图将历史学观与生物学观相结合。这两个学科的精髓是类似的，都专注于研究在时间进程中的持续性和动态变化；这两个学科的实践是相似的，它们都重视原始研究和次级研究。但研究一经开始，这两个学科的研究途径便分道扬镳了。历史学家们通常钻进存档馆和图书馆的故纸堆中寻找资料，而生物学家则挤在实验台上处理博物馆的标本，或者前往勘察现场考察。在分析和总结其发现时，学者们也依旧采用不同的方式。历史学家喜欢通过事件的叙述来组织他们的深刻观点，而生物学家们则更愿意使用统计学或者其他定量方法来检测他们的假定。当这两种学科的研究成果发表并保存进同样的图书馆时，它们的道路接近了，但却并没有真正重合。科学期刊和书籍被放入图书馆的一个区域，而历史期刊和书籍则被放入馆中另一个区域（有时甚至进入不同的图书馆）。从院系奖励系统到数据库设计，一系列因素都在为把不同学科的学者分离开来推波助澜。

　　本文试图为拉近这两个学科的距离做出一些努力。我不会涉及这两个领域中的学者应该怎样进行第一手资料的研究，要学习这种技巧，各自学科的研究生课程是最好的场所；我也不会试图改变各学科和院系的奖励系统，这一点超出了我的能力范围。

我将专注于两个更为实际些的目标：第一个也是较为容易的一个，帮助学者找到他们自己领域之外的资料来源；第二个也是较为困难的一个，向历史学家提供一些阅读科学出版物的方法和建议。对于愿意阅读历史学资料的科学家来说，他们面临的困难不难克服，所以我不做此项努力。本书是针对初学者的，那些已经在相关领域中有所涉猎的人会发现，我所说的许多东西甚至全部东西都很熟悉。 167

说到如何获取本领域外的文献资料，我所能给出的最好的也是最简单的建议就是询问其他相关院系的同事和图书馆管理员。专家们知道他们自己领域中最重要的学者和出版物，图书馆管理员们了解图书馆的资料库及检索方式。

历史学与生物学之间有一个重要的文化差异，这一差异影响了人们查找文献的方式。历史学家通常把他们的研究当成一项耗时多年的书籍编撰项目，期间有可能会发表论文，但论文中给出的信息通常也会出现在书籍中。历史学家们通常不会过早地拿出他们最杰出的观点，他们常常会把最精彩、最重要的观点放到代表项目重要书籍之中。资料库通常不会将书籍中提及的文献来源编入索引，因此，通过引用检索来查找某些文献不像在其他科学领域（后文将提到）中那么有用。对于那些第一次查找历史学文献的人，最好还是先询问一下相关领域的人员，了解一些最重要的书籍，然后从那里开始研究。

与此不同的是，生物学家们追求的是发表论文。一位大师级生物学家可能从来也没有出版过一本书。他们不会把自己最好的想法保留下来，而是会很快地在期刊上发表，科学期刊的审稿与发表速度通常比历史学期刊快。当生物学家想要把多篇论文的发现进行总结时（即使其文献综述的篇幅大于一般的简要的文献综述），他们通常只会发表一篇综述文章，而不是出一本书。

如果你是第一次查找生物学文献，你最好问一下某位同事，弄清与你的课题有关的最重要的学者的名字和相关论文的标题。手头有了这些资料，你就可以请图书馆管理员帮忙进行三类检索：第一类是作者检索，用以找到某位关键作者发表的全部文章。很有可能这位作者并没有在某一篇文章中总结他所做的全部工作，所以你就要查找到他在这一课题上发表的全部文章。第二类是前向引证检索，可以考察谁曾引用了某篇论文，有助于让你得到有关这一课题的最新资料。第三类检索是后向引证检索，资料库会显示某篇论文引用过的论文和书籍，而且通常附有摘要，这样你就能很快地通过一篇相关论文找到下一篇了。

现在让我们讨论本文的第二个目标：帮助历史学家阅读科学著作。许多历史学家感到科学著作令人望而生畏，我能够理解这种感觉，因为我过去对此有同感。我大学毕业时得到的是英语学位，这种学位只需要通过最低数量的理科课程（三门）即可，虽然不情愿，但我不得不承认：我害怕科学课程。后来我意识到这是在自欺欺人，于是我采取了一种极端方法解决这一问题：重回校园，并且取得了生物学博士学位。

很少有历史学家会愿意再去读一个科学学位，因此我将介绍一些其他的应对策略。第一，要尝试着去阅读科学出版物。对于有些科学论文来说，人们可能需要多年的学习才能理解其中全部内容，但另一些论文即使完全没有接受过专门训练的人也能读懂。一些科学家，其中包括大师级的进化生物学家，也曾撰写过面向广大读者的书籍。

第二，学习足够的科学知识来理解科学著作中的主要观点，即使你无法弄懂所有的细节。大学一年的生物学课程能够让你学到最重要的概念和术语，加上应用统计学的介绍性课程将会非常好地帮助你阅读这些著作。

包括生态学和进化生物学在内的许多科学领域高度依赖统计学，统计学的内容在外行看上去如同天书，但只要一门统计学课程就能让你明白大多数科学著作中的统计学内容。社区学院为人们提供科学与统计学课程，而且价格低廉，时间也容易安排。

如果这些建议让你有所启发，那我便达到了目的。这些建议在本质上与博士课程中对外语的要求几乎完全一致，不要求学生外语水平达到流利的程度，只要能够读懂一篇专业著作的主要论点即可。我所建议的对科学语言的掌握程度也是一样的，其目的是希望能够帮助你打开重要文献的大门，使之不再神秘。理想情况下，研究生应该掌握一门世界性语言和一些科学知识。如果博士生课程的安排最后只容得下一门课程，那么我有足够的理由认为，科学语言对学习进化史或环境史的学生将是最有用的。

术 语 表

适应环境 是让某物种的一些成员在新的地点和气候下生长的过程。这一过程可以包括遗传适应。

适应 是一种进化过程，在此过程中，一个种群的特性逐步改变，以与其所在的环境相匹配。

人为 指的是"人类引起的"或"人类造成的"。在本书中，这一词语大多数以形容词的形式出现，修饰进化。人为进化可以独立进行，也可以与其他过程（诸如自然选择）共同进行；可以涉及种群中或大或小的变化，可以是有意识的也可以是偶然的。

人工选择 是为了选择个体的某些特性，人类通过活动增加或减少个体存活量或繁殖量的过程。由于书中解释过的原因，我避免使用人工选择，而更愿意使用人为进化及其他术语。

生物特性 在本书中指生物体所具有的身体的、生理的或遗传的特性。它在精神范畴的对应物是文化。

生物学 指研究活的生物体及生物体机能与生存方式的科学领域。

生物技术 作名词用，指的是以为人类提供物品或服务为目的而经过改造的生物体。生物技术可以通过传统技术如系统选择或新技术如基因工程生产得到。

种类 作为名词指的是某个种类的动物，特别是通过系统选择发展起来的动物。

培育 是一种选择形式，在这种形式下，人类有意识地让特定的雄性动物与特定的雌性动物选择交配，以造就后代动物的特性。培育者经常利用 171 选取作为选择交配的附加手段。

偶然性 是各种进化（尤以抽样效应为甚）的关键元素。

进化 某个种群的遗传特性在多个世代中的变化。

克隆 是创造与上一代基因相同的下一代的过程，这一过程通常不通过性生殖。克隆技术包括一些历史悠久的方法如嫁接，也包括最近出现的其他技术，如依赖于分子生物学的新技术。

共进化 是不同的物种种群的特性因相互对对方的行为做出反应而出现持续改变的过程。这一概念起源于对植物及其花粉传递者的研究，而且专注于对物种的身体特性的研究；这一概念后来有所扩展，不单包括了生物特性，也包括了文化特性。

选取 是因某些种群中的一些个体表现良好而加以保留，并因另一些个体表现不良而加以去除的过程。达尔文称这一过程为无意识选择，并注意到了它与自然选择的相似性。这两种选择都导致种群的特性在经历多代之后发生改变，尽管选取者（一为人类，一为达尔文所称的自然）的主观意识并没有想去这样做。

栽培品种 是一个名词，通常指的是经部分或全部驯化而发展起来的某类植物。

文化进化 指一个种群内的观念的出现频率的变化。

文化特性 是建筑在文化上而不是在生物学上的特性，通常指某些行为。

文化 在本书中指采取何种行为的理念。在其他语境下，这个词有其他含义。

查尔斯·达尔文 19世纪英格兰博物学家，他发展了如下观点：物种与物种的种群的进化是自然、性、系统和无意识选择的结果。

达尔文进化 是一个以多种方式使用的术语，但今天最常用来指通过自然选择而来的进化，并认为生物体不能继承后天特征。上面的两个观点修订了达尔文的想法，因为他把进化归因于四种选择（自然的、性的、系统的和无意识的），并相信后天特征是可以继承的。

驯化 指人类为给自己提供物品与服务而改变其他物种种群的特性的过程。驯化动物通常生活在圈养状态下，驯化植物的种植通常由人类来控制。

环境 指任何物种（人类或非人类）周围的事物。环境在进化上扮演了重要角色，环境对各种特性进行选择或淘汰。

后生的 指那种不影响基因内核苷酸（DNA）排列次序的基因表达的可遗传变化。

进化 指经过多代逐步发生的种群遗传特性的变化。

进化史 在本书中指一种领域或研究课题，该领域研究的是人类与其他物种的种群随时间的进程相互影响对方特性的方式，以及这些变化对人类和其他物种的意义。

灭绝 指某个种群、品种、物种、属或其他分类群的全部成员的消失。

奠基者效应 是一种进化机制，按照这种机制，某个种群的某些个体的非代表性亚种群会产生某种新种群，这种新种群的产生通常发生在异地。这一新种群的特征与其祖先种群的特性有差异，因为新种群只遗传了它们上一代所带有的基因，而没有通盘继承其祖先种群的全部基因。

基因 是由DNA（去氧核糖核酸）段组成的生物遗传单位，其中包含着细胞功能方式的指令密码。

基因决定论 指某些人相信的一种理念，即认为基因控制了生物体、特别是人类的一切特性。这种理念对遗传学和进化的理解并不正确，认定是恶性社会政治在指导弱势的人类群体。

遗传漂变 是一种进化机制，这种机制认为某个种群的基因出现频率会在多代中因偶然性而不是选择发生波动。

遗传工程 是利用分子生物学技术把基因从一个个体向另一个个体（经常在不同的分类群之间）的转移。

遗传特性 指由基因造成的特性，与其对应的是文化特性。

可遗传的 是一个形容词，指的是有些东西可以从上一代传递给下一代。特性的可遗传性对于进化至关重要。

173

杂交 指分属不同分类群（如品种或物种）的个体之间的交配。

近亲繁殖 是血缘十分接近的个体（如兄弟姐妹）之间的交配。利用这一能够减少基因变异的技术，培育者试图使物种产生更多他们想要特性。

遗传 指特性从一些个体向另一些个体（通常是从上一代向下一代）的传递。遗传对于进化至关重要。

拉马克进化 指后天特性的遗传（以法国遗传生物学家让·巴普蒂斯特·拉马克的名字命名）。

品系 作名词使用可以指通过系统选择（常为近亲繁殖）而发展起来的植物或动物品种。

培育大师理念或假定 是一种理念，该理念认为人类在驯化其他物种时头脑中想象到了他们想要让野生植物与动物物种发展的特性，并通过控制植物与动物的交配方式来达到人类的目的。

文化基因 由理查德·道金斯提出，指文化遗传的一个单元。他认为文化基因是基因的文化类比。

系统选择 是达尔文提出的术语，即培育。

基因突变 指组成个体 DNA 的核苷酸排列次序的变化。突变的效果可以是有益的、有害的或中性的。突变是进化的原料，因为它能产生新的特性。

自然选择 是一种进化过程，在此过程中，特性的变异使得一些个体能够存活下来并且比其他个体得到更多的繁殖机会。达尔文认为，自然选择是物种变化的首要推动力。

种群 指个体的一个交配群，种群内个体间通常住得很近。进化是种群的特征，不是个体的特征。

重组 大概指一种过程，在这一过程中，染色体在细胞分裂时交换基因，在后代中创造不存在于其父母体内的基因组合和特性。

繁殖 是生物体用以产生后代的过程。生物进化涉及种群的一代与下一代之间（而不是一代之内）的特性改变，因此繁殖对于进化至关重要。

174　**抵抗力** 指种群对抗曾经毒杀该种群前代个体的毒性物质（诸如抗生素或杀虫剂）而生存的能力。抵抗力通过选择得到进化。

抽样效应 是通过偶然性影响种群进化的过程。这样的例子包括遗传漂变（基因出现频率的随机波动）和奠基者效应（在此效应影响下，某个种群的某些个体的非代表性亚种群繁殖下一代，从而产生某种新种群）。

选择（动名词）这一术语泛指选择的过程。当培育者使用这一词汇时，这一术语可以指选取或选择性交配。

选择（名词）是种群中个体因特性不同而产生的不同的生存与繁殖状况。达尔文确认了四种选择：自然选择、性选择、系统选择和无意识选择。

选择交配 指培育。

性选择 指由于个体的自身特性影响（增强或减弱）其交配能力，从而在繁殖方面显示出个体差异。

物种形成 是从旧有物种创造新物种的过程。

物种 是可以相互交配的一组类似生物体。

绝育 指在不杀死个体的情况下消除其生殖能力，通常通过去除或改变其生殖器官完成。

菌株 作为名词，菌株经常指微生物的变异。

敏感的 是一个形容词，指生物体可以被某种毒性物质（诸如杀虫剂、农药与抗生素）杀死的性质。其反义词是"有抵抗力的"。

特性 是生物体的特征。它们可以是身体的、行为的或者化学的。

无意识选择 是达尔文提出的术语，指人类在无意识中影响种群进化的过程。

变异 指在一个种群的个体中出现的不同特性。

品种 是生物体的一些不同种群，人们认为这些种群所具有的不同点足以让它们具有不同的名字，但它们所具有的相同点足以让它们同属一个物种。品种的近义词包括菌株、种族、栽培品种、品系与（动物的）种类。品种可以是驯化的或野生的。

注　释

前言

1. 加粗的词语在术语表中有给出定义。

2. *Charles Darwin*, *On the Origin of Species by Means of Natural Selection*; *or The Preservation of Favoured Races in the Struggle for Life*（London：Odhams Press，［1859］1872），140.

3. *Leigh van Valen*, *"A New Evolutionary Law,"* *Evolutionary Theory* 1（1973）：1-30.

第一章　生死攸关的问题

1. 汤姆·芬格尔抓住了这一阶段的进化观，我因此受益匪浅。

第二章　清晰可见的进化之手

1. Jonathan Weiner, *The Beak of the Finch*：*A Story of Evolution in Our Time*（New York：Knopf，1994），70-82；Peter R. Grant, *Ecology and Evolution of Darwin's Finches*（Princeton，NJ：Princeton University Press，1999）.

2. Brian and Deborah Charlesworth define evolution as "changes over time in the character-

istics of populations of living organisms. " Brian Charlesworth and Deborah Charlesworth, *Evolution*: *A Very Short Introduction* (Oxford: Oxford University Press, 2003), 5.

3. Charles Darwin, *On the Origin of Species by Means of Natural Selection*; *or The Preservation of Favoured Races in the Struggle for Life* (London: Odhams Press, [1859] 1872), 96.

4. 同上, 102.

5. 同上, 52.

6. 同上, 55.

7. Charles Darwin, *Variation of Animals and Plants under Domestication*, 2 vols. (Baltimore: Johns Hopkins University Press, [1868] 1998), 369-399.

8. Theodosius Dobzhansky, *Genetics and the Origin of Species* (New York: Columbia University Press, 1937); Ernst Mayr and William B. Provine, eds. *The Evolutionary Synthesis*: *Perspectives on the Unification of Biology* (Cambridge, MA: Harvard University Press, 1980), 487.

9. 我感谢迈克尔·格兰特对此的定义。道格拉斯·菲秋马的教科书给出了类似的定义:"生物体种群的一部分个体随时间在一个或多个特性上发生的有不同遗传性质的变化。" Douglas J. Futuyma, *Evolutionary Biology*, 3rd ed. (Sunderland, MA: Sinauer Associates, 1998), glossary.

10. Alexander O. Vargas, "Did Paul Kammerer Discover Epigenetic Inheritance? A Modern Look at the Controversial Midwife Toad Experiments," *Journal of Experimental Zoology Part B*: *Molecular and Developmental Evolution* 312 (2009): 667-678; Eric J. Richards, "Inherited Epigenetic Variation - Revisiting Soft Inheritance," *Nature Reviews Genetics* 7 (2006): 395-401.

11. Futuyma, *Evolutionary Biology*, 765.

12. Helena Curtis, *Biology* (New York: Worth, 1983), 1088.

13. Stephanie M. Carlson, Eric Edeline, L. Asbjorn Vollestad, Thrond O. Haugen, Ian

J. Winfield, Janice M. Fletcher, J. Ben James, and Nils C. Stenseth, "Four Decades of Opposing Natural and Human-Induced Artificial Selection Acting on Windermere Pike (*Esox Lucius*)," *Ecology Letters* 10 (2007): 512-521.

14. Jean-Marc Rolain, Patrice François, David Hernandez, Fadi Bittar, Hervé Richet, Ghislain Fournous, Yves Mattenberger, et al., "Genomic Analysis of an Emerging Multiresistant *Staphylococcus aureus* Strain Rapidly Spreading in Cystic Fibrosis Patients Revealed the Presence of an Antibiotic Inducible Bacteriophage," *BiologyDirect* 4, no. 1 (2009), doi: 10. 1186/1745-6150-4-1, http: //www. biology-direct. com/content/4/1/1.

15. 引用次数基于在查尔斯·达尔文网上全集（http: //darwen-online. org. uk/）上对这些书籍的第一版的搜索。

16. Darwin, *Variation of Animals and Plants*, 2: 176-236.

17. 同上，2: 408 - 409.

18. 同上，1: 6.

19. 同上，1: 6.

20. Darwin, *On the Origin of Species*, 74.

21. 同上，73.

22. 同上，31.

第三章　狩猎与捕鱼

1. H. Jachmann, P. S. M. Berry, and H. Imae, "Tusklessness in African Elephants: A Future Trend," *African Journal of Ecology* 33 (1995): 230-235.

2. Eve Abe, "Tusklessness amongst the Queen Elizabeth National Park Elephants, Uganda," *Pachyderm* 22 (1996): 46-47.

3. 尽管我们在此引用的研究的作者认为选择性狩猎是最有可能的解释，但还有一种可能性是遗传漂变在其中起过作用。我们将在本章稍后考察另一大象种群的这一过程。

4. 尺寸也与年龄相关，因此一个种群中个体体型的平均尺寸随时间减小并不能证明产生了进化效应，但研究人员通过比较 4 岁公羊的重量控制了年龄这一变量。David W. Coltman, Paul O'Donoghue, Jon T. Jorgenson, John T. Hogg, Curtis Strobeck, and Marco Festa-Blanchet, "Undesirable Evolutionary Consequences of Trophy Hunting," *Nature* 426 (2003): 283-292.

5. Tim Flannery, *The Eternal Frontier: An Ecological History of North America and Its Peoples* (New York: Atlantic Monthly Press, 2001), 220-222.

6. 你可能会说：请稍等，对于得克萨斯大学田径队的吉祥物长角牛你又怎么说？实际上，它们正好说明了我们的观点。长角是在 19 世纪兴起的，那时候的牧场主让他们的牛群在广阔的天地里随意活动，短角取代长角是当牧场主筑起篱笆墙，强迫牛群更多地呆在封闭的牛圈里之后发生的。

7. Flannery, *Eternal Frontier*, 224-225.

8. 同上，204, 222-223.

9. 同上，225-226. 也有可能通过除食物以外的其他方法限制种群的大小，尽管在这一情况下食物似乎是最有可能的限制因素。

10. 同上，224-226；Douglas J. Futuyma, *Evolutionary Biology*, 3rd ed. (Sunderland, MA: Sinauer Associates, 1998), glossary.

11. Jared M. Diamond, *Guns, Germs, and Steel: The Fates of Human Societies* (New York: W. W. Norton, 1999), 42-47; Flannery, *Eternal Frontier*, 204; John Alroy, "A Multispecies Overkill Simulation of the End-Pleistocene Megafaunal Mass Extinction," *Science* 292 (2001): 1893-1896.

12. Diamond, *Guns, Germs, and Steel*, 42-47.

13. Dean Lueck, "The Extinction and Conservation of the American Bison," *Journal of Legal Studies* 31 (2002): S609-S652; Andrew C. Isenberg, *The Destruction of the Bi-*

son: *An Environmental History*, 1740-1920 (Cambridge: Cambridge University Press, 2000), 25-26; Dan Flores, "Bison Ecology and Bison Diplomacy: The Southern Plains from 1800 to 1850," *Journal of American History* 78, no. 2 (1991): 465-485.

14. Isenberg, *Destruction of the Bison*.

15. Anna M. Whitehouse, "Tusklessness in Elephant Population of the Addo Elephant National Park, South Africa," *Journal of the Zoological Society of London* 257 (2002): 249-254.

16. 同上。选择能与基因漂变同时影响种群，此处由于不存在狩猎，使得漂变成为更强有力的影响因素。

17. United Nations Food and Agriculture Organization, "The State of the World's Fisheries and Aquaculture - 1996," http://www. fao. org/docrep/003/w3265e/w3265e00. htm #Contents.

18. Joseph E. Taylor III, *Making Salmon: An Environmental History of the Northwest Fisheries Crisis* (Seattle: University of Washington Press, 1999), 203-206.

19. W. E. Ricker, "Changes in the Average Size and Average Age of Pacific Salmon," *Canadian Journal of Fisheries and Aquatic Sciences* 38 (1981): 1636-1656.

20. Mart R. Gross, "Salmon Breeding Behavior and Life History Evolution in Changing Environments," *Ecology* 72 (1991): 1180-1186.

21. P. Handford, G. Bell, and T. Reimchen, "A Gillnet Fishery Considered as an Experiment in Artificial Selection," *Journal of Fisheries Research Board of Canada* 34 (1977): 954-961, cited in Stephen R. Palumbi, *Evolution Explosion: How Humans Cause Rapid Evolutionary Change* (New York: W. W. Norton, 2001); Douglas P. Swain, Alan F. Sinclair, and J. Mark Hanson, "Evolutionary Response to Size-Selective Mortality in an Exploited Fish Population," *Proceedings of the Royal Society*, Series B 274 (2007): 1015-1022; Esben M. Olsen, Mikko Heino, George R. Lilly, Joanne Morgan, John Brattey, Bruno Ernande, and Ulf Dieckmann, "Maturation Trends Indic-

ative of Rapid Evolution Preceded the Collapse of Northern Cod," *Nature* 428 (2004) : 932-935.

22. Christian Jorgensen, Katja Enberg, Erin S. Dunlop, Robert Arlinghaus, David S. Boukal, Keith Brander, Bruno Ernande, et al. , "Managing Evolving Fish Stocks," *Science* 318, no. 5854 (2007) : 1247-1248; Olsen et al. , "Maturation Trends," 932-935; Swain et al. , "Evolutionary Response to Size-Selective Mortality," 1015-1022.

23. Matthew R. Walsh, Stephan B. Munch, Susumu Chiba, and David O. Conover, "Maladaptive Changes in Multiple Traits Caused by Fishing: Impediments to Population Recovery," *Ecology Letters* 9 (2006) : 142-148.

24. Lawrence C. Hamilton, Richard L. Haedrich, and Cynthia M. Duncan, "Above and Below the Water: Social/Ecological Transformation in Northwest Newfoundland," *Population and Environment* 25, no. 3 (2004) : 195-215.

25. 同上; Lan T. Gien, "Land and Sea Connection: The East Coast Fishery Closure, Unemployment, and Health," *Canadian Journal of Public Health* 91, no. 2 (2000) : 121-124; Lawrence C. Hamilton and Melissa J. Butler, "Outport Adaptations: Social Indicators through Newfoundland's Cod Crisis," *Human Ecology Review* 8, no. 2 (2001) : 1-11.

26. David O. Conover and Stephan B. Munch, "Sustaining Fisheries Yields over Evolutionary Time Scales," *Science* 297 (2002) : 94-96; Richard Law, "Fishing, Selection, and Phenotypic Evolution," *ICES Journal of Marine Scientists* 57 (2000) : 659-668; Jorgensen et al. , "Managing Evolving Fish Stocks," 1247-1248; Stephanie M. Carlson, Eric Edeline, L. Asbjorn Vollestad, Thrond O. Haugen, Ian J. Winfield, Janice M. Fletcher, J. Ben James, and Nils Chr. Stenseth, "Four Decades of Opposing Natural and Human-Induced Artificial Selection Acting on Windermere Pike (*Esox lucius*)," *Ecology Letters* 10 (2007) : 512-521.

27. Conover and Munch, "Sustaining Fisheries Yields," 94-96.

28. Phillip B. Fenberg and Kaustuv Roy, "Ecological and Evolutionary Consequences of

Size-Selective Harvesting: How Much Do We Know?" *Molecular Ecology* 17（2008）:
209-220.

第四章　灭绝

1. Yoshihiko Sato, Tetsuo Mori, Toshie Koyama, and Hiroshi Nagase, "*Salmonella* Vir-
   chow Infection in an Infant Transmitted by Household Dogs," *Journal of Veterinary Med-
   ical Science* 62, no. 7（2007）: 767-769; Erskine V. Morse, Margo A. Duncan, David
   A. Estep, Wendell A. Riggs, and Billie O. Blackburn, "Canine Salmonellosis: A Re-
   view and Report of Dog to Child Transmission of *Salmonella enteritidis*," *American Jour-
   nal of Public Health* 66, no. 1（1976）: 82-84.

2. Colgate-Palmolive Company, "Healthy Handwashing with a Wide Variety of Hand
   Soaps," http://www. colgate. com/app/Softsoap/US/EN/Liquid HandSoap/Antibac-
   terial. cvsp.

3. Allison E. Aiello, Elaine L. Larson, and Stuart B. Levy, "Consumer Antibacterial
   Soaps: Effective or Just Risky?" *Clinical Infectious Diseases* 45（2007）: 137-147.

4. 同上。

5. A. M. Calafat, X. Ye, L. Y. Wong, J. A. Reidy, and L. L. Needham, "Urinary Con-
   centrations of Triclosan in the U. S. Population: 2003-2004," *nvironmental Health Per-
   spectives* 116, no. 3（2008）: 303-307.

6. Aiello et al. , "Consumer Antibacterial Soaps. "

7. Maria Schriver to Edmund Russell, June 12, 2008.

8. Randolph E. Schmid, "Study: Women LeadMen in Bacteria, Hands Down," *Washing-
   ton Post*, November 3, 2008.

9. 同上。

10. R. Zhang, K. Eggleston, V. Rotimi, and R. J. Zeckhauser, "Antibiotic Resistance as

a Global Threat: Evidence from China, Kuwait and the United States," *Globalization and Health* 2 (2006): 6.

11. M. Larsson, G. Kronvall, N. T. Chuc, I. Karlsson, F. Lager, H. D. Hanh, G. Tomson, and T. Falkenberg, "Antibiotic Medication and Bacterial Resistance to Antibiotics: A Survey of Children in a Vietnamese Community," *Tropical Medicine and International Health* 5, no. 10 (2000): 711-721.

12. R. Monina Klevens, Jonathan R. Edwards, Chesley L. Richards Jr., Teresa C. Horan, Robert P. Gaynes, Daniel A. Pollock, and Denise M. Cardo, "Estimating Health Care-Associated Infections and Deaths in U.S. Hospitals, 2002," *Public Health Reports* 122 (March-April 2007): 160-166.

13. David Brown, "'Wonder Drugs' Losing Healing Aura," *Washington Post*, June 26, 1995, A1. 20世纪末，世界卫生组织发起"消除疟疾"行动，从行动标题上看更加现实可行，目标更具体。R. S. Phillips, "Current Status of Malaria and Potential for Control," *Clinical Microbiology Reviews* 14, no. 1 (2001): 208-226; J. F. Trape, "The Public Health Impact of Chloroquine Resistance in Africa," *American Journal of Tropical Medicine and Hygiene* 64, no. 1-2 (2001): 12-17; J. A. Najera, "Malaria Control: Achievements, Problems, and Strategies," *Parassitologia* 43, no. 1-2 (2001): 1-89; Stephen R. Palumbi, *Evolution Explosion: How Humans Cause Rapid Evolutionary Change* (New York: W. W. Norton, 2001), 137-138.

14. David Brown, "TB Resistance Stands at 11% of Cases," *Washington Post*, March 24, 2000, A14; Stuart B. Levy, *The Antibiotic Paradox: How Miracle Drugs Are Destroying the Miracle* (New York: Plenum Press, 1992), 279; Palumbi, *Evolution Explosion*, 85.

15. "Columbia - Insurgency," http://www.globalsecurity.org/military/world/war/colombia.htm.

16. "U.N. Reports 27% Rise in Coca Cultivation in Columbia," *USA Today*, http://

www. usatoday. com/news/world/2008-06-18-cocacolombia N. htm.

17. Joshua Davis, "The Mystery of the Coca Plant That Wouldn't Die," *Wired* 12, no. 11 (2004), http://www. wired. com/wired/archive/12. 11/columbia. html.

18. 同上。

19. Emanuel L. Johnson, Dapeng Zhang, and Stephen D. Emche, "Inter- and Intra-specific Variation among Five *Erythroxylum* Taxa Assessed by AFLP," *Annals of Botany* 95 (2005): 601-608; Jorge F. S. Ferreira and Krishna N. Reddy, "Absorption and Translocation of Glyphosate in *Erythroxylum coca* and *E. novogranatense*," *Weed Science* 48 (2000): 193-199.

20. Davis, "Mystery of the Coca Plant."

21. National Research Council, *Pesticide Resistance: Strategies and Tactics for Management* (Washington, DC: National Academy Press, 1986), 16-17. See also J. Mallet, "The Evolution of Insecticide Resistance: Have the Insects Won?" *Trends in Ecology and Evolution* 4, no. 11 (1989): 336-340.

22. Palumbi, *Evolution Explosion*; National Research Council, *Pesticide Resistance*, 16-17; David Pimentel, H. Acquay, M. Biltonen, P. Rice, M. Silva, J. Nelson, V. Lipner, S. Giordano, A. Horowitz, and M. D'Amore, "Environmental and Economic Costs of Pesticide Use," *BioScience* 42, no. 10 (1992): 750-760. See also Mallet, "Evolution of Insecticide Resistance."

23. Paul Colinvaux, *Why Big Fierce Animals Are Rare: An Ecologist's Perspective* (Princeton, NJ: Princeton University Press, 1978), 25-31.

24. 生态学家把这些叫做 k 与 r 策略。这两个字母指的是种群生长模型中的变量，其中 k 代表某处的承载能力，r 代表繁殖率。

第五章　改变环境

1. Michael Shrubb, *Birds, Scythes, and Combines: A History of Birds and Agricultural Change* (New York: Cambridge University Press, 2003) .

2. V. E. Heywood and R. T. Watson, eds. , *Global Biodiversity Assessment* (Cambridge: Cambridge University Press, 1995) ; Edward O. Wilson, "The Encyclopedia of Life," *Trends in Ecology and Evolution* 18, no. 2 (2003) : 77-80; R. Youatt, "Counting Species: Biopower and the Global Biodiversity Census," *Environmental Values* 17 (2008) : 393-417.

3. William E. Bradshaw and Christina M. Holzapfel, "Genetic Shift in Photoperiodic Response Correlated with Global Warming," *Proceedings of the National Academy of Sciences of the United States of America* 98 (2001) : 14, 509-14, 511; Sean C. Thomas and Joel G. Kingsolver, "Natural Selection: Responses to Current (Anthropogenic) Environmental Changes," in *Encyclopedia of Life Sciences* (London: Macmillan, 2002) , 659-664.

4. Fredrik Backhed, Ruth E. Ley, Justin L. Sonnenburg, Daniel A. Peterson, and Jeffrey I. Gordon, "Host-Bacterial Mutualism in the Human Intestine," *Science* 307 (2005) : 1915-1920.

5. Ruth E. Ley, Peter J. Turnbaugh, Samuel Klein, and Jeffery I. Gordon, "Human Gut Microbes Associated with Obesity," *Nature* 444 (2006) : 1022- 1023.

6. Peter J. Turnbaugh, Ruth E. Ley, Micah Hamady, Claire M. Fraser-Liggett, Rob Knight, and Jeffrey I. Gordon, "The Human Microbiome Project," *Nature* 449 (2007) : 804-810; Jian Xu, Michael A. Mahowald, Ruth E. Ley, Catherine A. Lozupone, Micah Hamady, Eric C. Martens, Bernard Henrissat, et al. , "Evolution of Symbiotic Bacteria in the Distal Human Intestine," *PloS Biology* 5, no. 7 (2007) : 1574-1586.

7. Michael Pollan, *The Omnivore's Dilemma: A Natural History of Four Meals* (New York: Penguin, 2006) .

8. Adam Rome，*The Bulldozer in the Countryside：Suburban Sprawl and the Rise of American Environmentalism*（New York：Cambridge University Press，2001）．

9. Russ Lopez，"Urban Sprawl and Risk for Being Overweight or Obese，" *American Journal of Public Health* 94，no. 9（2004）：1574-1579.

10. H. B. D. Kettlewell，"Selection Experiments on Industrial Melanism in the *Lepidoptera*," *Heredity* 9（1955）：323；H. B. D. Kettlewell，"Further Selection Experiments on Industrial Melanism in the *Lepidoptera*," *Heredity* 10（1956）：287-300；R. R. Askew， L. M. Cook，and J. A. Bishop，"Atmospheric Pollution and Melanic Moths in Manchester and Its Environs," *Journal of Applied Ecology* 8（1971）：247-256. Recently， Kettlewell's methods have come in for criticism. See Judith Hooper，*Of Moths and Men：An Evolutionary Tale*（New York：W. W. Norton，2002），377.

11. Laurence M. Cook，"The Rise and Fall of the *Carbonaria* Form of the Peppered Moth," *Quarterly Review of Biology* 78，no. 4（2003）：399-417.

12. 同上。

13. 同上。

14. 同上。

15. Gregory Clark and David Jacks，"Coal and the Industrial Revolution，1700-1869，" *European Review of Economic History* 11（2007）：39-72.

16. Cook，"Rise and Fall"；B. S. Grant and L. L. Wiseman，"Recent History of Melanism in American Peppered Moths，" *Journal of Heredity* 93，no. 2（2002）：86-90； Askew et al.，"Atmospheric Pollution and Melanic Moths"；Congressional Budget Office，*The Clean Air Act，the Electric Utilities，and the Coal Market*（Washington，DC：U. S. Government Printing Office，1982）．

17. 学者们对于人类已经在多大程度上改变了地球的生态系统有各自不同的估计，因此这条注释给出文中所用数字的来源以及与此有不同估计的研究。此处的关键不是估计有所不同，而是所有这些研究都得出了人类影响具有重大意义这一结论。Fridolin Krausmann, Karl-Heinz Erb, Simone Gingrich, Christian Lauk, and Helmut Haberl, "Global Patterns of Socioeconomic Biomass Flows in the Year 2000: A Comprehensive Assessment of Supply, Consumption, and Constraints," *Ecological Economics* 65 (2008): 471-487; Helmut Haberl, K. Heinz Erb, Fridolin Krausmann, Veronika Gaube, Alberte Bondeau, Christoph Plutzar, Simone Gingrich, Wolfgang Lucht, and Marina Fischer-Kowalski, "Quantifying and Mapping the Human Appropriation of Net Primary Production in Earth's Terrestrial Ecosystems," *Proceedings of the National Academy of Sciences of the United States of America* 104, no. 31 (2007): 12, 942-12, 947; Stuart Rojstaczer, Shannon M. Sterling, and Nathan J. Moore, "Human Appropriation of Photosynthesis Products," *Science* 294 (2001): 2549-2552; Eric W. Sanderson, Malanding Jaiteh, Marc A. Levy, Kent H. Redford, Antoinette V. Wannebo, and Gillian Woolmer, "The Human Footprint and the Last of the Wild," *Bio Science* 52, no. 10 (2002): 891-904; Benjamin S. Halpern, Shaun Walbridge, Kimberly A. Selkoe, Carrie V. Kappel, Fiorenza Micheli, Caterina D'Agrosa, John F. Bruno, et al. , "A Global Map of Human Impact on Marine Ecosystems," *Science* 319 (2008): 948-952; Peter M. Vitousek, Paul R. Ehrlich, Anne H. Ehrlich, and Pamela A. Matson, "Human Appropriation of the Products of Photosynthesis," *BioScience* 36 (1986): 368-373; Peter M. Vitousek, Harold A. Mooney, Jane Lubchenco, and Jerry M. Melillo, "Human Domination of the Earth's Ecosystems," *Science* 277 (1997): 494- 499; Will Steffen, Paul J. Crutzen, and John R. McNeill, "The Anthropocene: Are Humans Now Overwhelming the Great Forces of Nature?" *Ambio* 36, no. 8 (2007): 614-621; Core Writing Team, R. K. Pachauri and A. Reisinger, eds. , *Climate Change* 2007: *Synthesis Report. Contribution of Working Groups I, II, and III to the Fourth Assessment Report of the Intergovernmental Panel on Climate Change* (Geneva, Switzerland: Intergovernmental Panel on Climate Change, 2007); Chris T. Darimont, Stephanie M. Carlson, Michael T. Kinnison, Paul C. Paquet, Thomas E. Reimchen, and Christopher C. Wilmers, "Human Predators Outpace Other Agents of Trait Change in the Wild," *Proceedings of the National Academy of Sciences of the United States of America* 106, no. 3 (2009): 952-954.

18. Steffen et al., "The Anthropocene."

19. Vitousek, "Human Appropriation of the Products of Photosynthesis"; Vitousek, "Human Domination of the Earth's Ecosystems."

20. William J. Ripple and Robert L. Beschta, "Wolf Reintroduction, Predation Risk, and Cottonwood Recovery in Yellowstone National Park," *Forest Ecology and Management* 184 (2003): 299-313; Robert L. Beschta, "Cottonwoods, Elk, and Wolves in the Lamar Valley of Yellowstone National Park," *Ecological Applications* 13, no. 5 (2003): 1295-1309.

21. Steven J. Franks, Sheina Sim, and Arthur E. Weis, "Rapid Evolution of Flowering Time by an Annual Plant in Response to a Climate Fluctuation," *Proceedings of the National Academy of Sciences of the United States of America* 104, no. 4 (2007): 1278-1282.

22. Francisco Rodriguez-Trelles and Miguel A. Rodriguez, "Rapid Microevolution and Loss of Chromosomal Diversity in *Drosophila* in Response to Climate Warming," *Evolutionary Ecology* 12 (1998): 829-838.

23. Bradshaw and Holzapfel, "Genetic Shift in Photoperiodic Response"; Thomas and Kingsolver, "Natural Selection."

24. Dominique Berteaux, Denis Reale, Andrew G. McAdam, and Stan Boutin, "Keeping Pace with Fast Climate Change: Can Arctic Life Count on Evolution?" *Integrative and Comparative Biology* 44, no. 2 (2004): 140-151.

25. Chris D. Thomas, Alison Cameron, Rhys E. Green, Michel Bakkenes, Linda J. Beaumont, Yvonne C. Collingham, Barend F. N. Erasmus, et al., "Extinction Risk from Climate Change," *Nature* 427 (2004): 145-148.

26. 针对这一观点向汤姆·史密斯表示感谢。

27. 人人都把灭绝归咎于人类，但作者们对其直接原因众说纷纭。由于对野外的候鸽缺乏科学研究，不可能通过野外研究确定争论的结果。除了栖息地毁灭之外，人们假定的原因还包括外来疾病、近亲繁殖和人类对繁殖的破坏。硕格尔更偏向于最后一种解释，但栖息地的毁灭看上去更有可能，因为人类似乎不可能破坏所有这些物种的繁殖。破坏其繁殖或许是压垮骆驼的最后一根稻草，但只能是在广大地区内大量伐木而让剩余的繁殖对集中在足够小的区域之后，人类才能摧毁所有的繁殖地点。A. W. Schorger, *The Passenger Pigeon: Its Natural History and Extinction* (Norman: University of Oklahoma Press, 1973).

28. A. P. Dobson, J. P. Rodriguez, W. M. Roberts, and D. S. Wilcove, "Geographic Distribution of Endangered Species in the United States," *Science* 275, no. 5299 (1997): 550-553.

29. Stuart L. Pimm, Márcio Ayres, Andrew Balmford, George Branch, Katrina Brandon, Thomas Brooks, Rodrigo Bustamante et al., "Can We Defy Nature's End?" *Science* 293 (2001): 2207-2208.

第六章　进化革命

1. Jared M. Diamond, *Guns, Germs, and Steel: The Fates of Human Societies* (New York: W. W. Norton, 1999); David R. Harris, ed., *The Origins and Spread of Agriculture and Pastoralism in Eurasia* (London: UCL Press, 1996), ix; U. S. Bureau of the Census, *Statistical Abstract of the United States: 2003*, 123rd ed. (Washington, DC: U. S. Census Bureau, 2003), table 1319.

2. Alfred W. Crosby, *Ecological Imperialism: The Biological Expansion of Europe*, 900-1900 (New York: Cambridge University Press, 1986), 8-40; Daniel Lord Smail, *On Deep History and the Brain* (Berkeley: University of California Press, 2008), 1-39; Dia-

mond, *Guns, Germs, and Steel.*

3. International Labour Office, "Global Employment Trends Brief," http: // www. cinterfor. org. uy/public/english/region/ampro/cinterfor/news/trends07. htm.

4. United Nations Food and Agriculture Organization, "Database on Macro-Economic Indicators," http: //www. fao. org/statistics/os/macro eco/default. asp.

5. Edward Hyams, *Animals in the Service of Man*: 10, 000 *Years of Domestication* (London: Dent, 1972); H. Epstein, *The Origin of the Domestic Animals of Africa*, vols. 1-2 (New York: Africana, 1971); Frederick E. Zeuner, *A History of Domesticated Animals* (New York: Harper and Row, 1963), 560; Sándor Bökönyi, *History of Domestic Mammals in Central and Eastern Europe* (Budapest: Akadémiai Kiadó, 1974); Juliet Clutton-Brock, *A Natural History of Domesticated Animals*, 2nd ed. (Cambridge: Cambridge University Press, 1999).

6. Jack R. Harlan, *Crops and Man* (Madison, WI: American Society of Agronomy, 1975), 295; B. Brouk, *Plants Consumed by Man* (London: Academic Press, 1975), 479; Maarten J. Chrispeels and David E. Sadava, *Plants, Food, and People* (San Francisco: W. H. Freeman, 1977), 278.

7. Thomas Bell, *History of British Quadrupeds* (London: John van Voorst, 1837).

8. Hans-Peter Uerpmann, "Animal Domestication - Accident or Intention," in Harris, *Origins and Spread of Agriculture*, 227-237; Peter Savolainen, Yaping Zhang, Jing Luo, Joakim Lundeberg, and Thomas Leitner, "Genetic Evidence for an East Asian Origin of Domestic Dogs," *Science* 298 (2002): 1610-1613; Bridgett M. von Holdt, John P. Pollinger, Kirk E. Lohmueller, Eunjung Han, Heidi G. Parker, Pascale Quignon, Jeremiah D. Degenhardt, et al., "Genome-Wide SNP and Haplotype Analyses Reveal a Rich History Underlying Dog Domestication," *Nature* 464 (2010): 898-903.

9. Uerpmann, "Animal Domestication," 227-237; *New York Times*, "Pedigree of the Dog: Prof. Huxley's Views of the Origin of the Animal," April 29, 1880, 2.

10. Raymond Coppinger and Lorna Coppinger, *Dogs: A Startling New Understanding of Canine Origins, Behavior, and Evolution* (New York: Scribner Press, 2001).

11. M. F. Ashley Montagu, "On the Origin of the Domestication of the Dog," *Science* 96 (1942): 111-112; Gilbert N. Wilson, "The Horse and Dog in Hidatsa Culture," *Anthropological Papers of the American Museum of Natural History* 15, part 2 (1924): 125-311.

12. Nicholas Wade, "Nice Rats, Nasty Rats: Maybe It's All in the Genes," *New York Times*, July 25, 2006, F1.

13. D. K. Belyaev, "Destabilizing Selection as a Factor in Domestication," *Journal of Heredity* 70 (1979): 301-308.

14. 同上; L. N. Trut, I. Z. Plyusnina, and I. N. Oskina, "An Experiment on Fox Domestication and Debatable Issue of Evolution of the Dog," *Russian Journal of Genetics* 40, no. 6 (2004): 644-655; L. N. Trut, "Experimental Studies of Early Canid Domestication," in *The Genetics of the Dog*, ed. A. Ruvinsky and J. Sampson (New York: CABI, 2001), 15-41.

15. Trut et al., "Experiment on Fox Domestication"; Trut, "Experimental Studies of Early Canid Domestication."

16. Brian Hare, Irene Plyusnina, Natalie Ignacio, Olesya Schepina, Anna Stepika, Richard Wrangham, and Lyudmila Trut, "Social Cognitive Evolution in Captive Foxes Is a Correlated By-product of Experimental Domestication," *Current Biology* 15 (2005): 226-230.

17. Trut et al., "Experiment on Fox Domestication"; Trut, "Experimental Studies of Early Canid Domestication."

19. 同上。

20. 同上。

21. Diamond, *Guns, Germs, and Steel*; Nicholas Russell, *Like Engend'ring Like: Heredity*

and Animal Breeding in Early Modern England (New York： Cambridge University Press, 1986); J. Milnes Holden, W. J. Peacock, and John H. Williams, *Genes*, *Crops*, *and the Environment* (Cambridge： Cambridge University Press, 1993) ．

22. O. T. Westengen, Z. Huaman, and M. Heun, "Genetic Diversity and Geographic Pattern in Early South American Cotton Domestication," *Theoretical and Applied Genetics* 110, no. 2 (2005)： 392-402.

23. 同上。

24. Yi-Fu Tuan, *Dominance and Affection： The Making of Pets* (New Haven, CT： Yale University Press, 1984)； John H. Perkins, *Geopolitics and the Green Revolution： Wheat*, *Genes*, *and the Cold War* (New York： Oxford University Press, 1997) ．

25. Raymond P. Coppinger and Charles Kay Smith, "The Domestication of Evolution," *Environmental Conservation* 10 (1983)： 283-292.

26. Stephen Budiansky, *The Covenant of the Wild： Why Animals Chose Domestication* (New York： William Morrow, 1992); Stephen Budiansky, *The Truth about Dogs： An Inquiry into the Ancestry*, *Social Conventions*, *Mental Habits*, *and Moral Fiber of Canis Familiaris* (New York： Viking Press, 2000) ．

27. Michael Pollan, *The Botany of Desire： A Plant's Eye View of the World*, 1st ed. (New York： Random House, 2001) ．

第七章　有意识进化

1. C. L. Brubaker, F. M. Bourland, and J. F. Wendel, "Origin and Domestication of Cotton," in *Cotton： Origin*, *History*, *Technology*, *and Production*, ed. C. Wayne Smith and J. Tom Cothren (New York： John Wiley, 1999), 3-31.

2. J. O. Ware, "Plant Breeding and the Cotton Industry," in *Yearbook of Agriculture* 1936 (Washington, DC： U. S. Government Printing Office, 1936), 712.

3. 同上。

4. 同上，666。

5. 同上，683-684。

6. 同上。

7. Deborah Fitzgerald, *The Business of Breeding: Hybrid Corn in Illinois*, 1890-1940 (Ithaca, NY: Cornell University Press, 1990).

8. Jack Ralph Kloppenburg Jr., *First the Seed: The Political Economy of Plant Biotechnology*, 1492-2000 (New York: Cambridge University Press, 1988).

9. John H. Perkins, *Geopolitics and the Green Revolution: Wheat, Genes, and the Cold War* (New York: Oxford University Press, 1997).

10. Harriet Ritvo, *The Animal Estate: The English and Other Creatures in the Victorian Age* (Cambridge, MA: Harvard University Press, 1987).

11. Fitzgerald, *Business of Breeding*.

12. Ware, "Plant Breeding and the Cotton Industry," 666.

13. 同上，659，675-676。

14. 同上，676。

15. 同上。

16. 同上，676，694。

17. 同上，694-695。

18. Ibrokhim Y. Abdurakhmonov, Fakhriddin N. Kushanov, Fayzulla Djaniqulov, Zabardast T. Buriev, Alan E. Pepper, Nilufar Fayzieva, Gafurjon T. Mavlonov, Sukama Saha, Jonnie H. Jenkins, and Abdusattor Abdukarimov, "The Role of Induced Mutation in Conversion of Photoperiod Dependence in Cotton," *Journal of Heredity* 98, no. 3 (2007): 258-266.

19. George Van Esbroeck and Daryl T. Bowman, "Cotton Improvement: Cotton Germplasm Diversity and Its Importance to Cultivar Development," *Journal of Crop Science* 2

（1998）：125.

20. American Beefalo Association，"All about Beefalo," http：//americanbeefalo. org/all-about-beefalo/；Daniel D. Jones，"Genetic Engineering in Domestic Food Animals：Legal and Regulatory Considerations," *Food Drug Cosmetic Law Journal* 38（1983）：273-287.

21. USDA Economic Research Service，"Adoption of Genetically Engineered Crops in the U. S. ," http：//www. ers. usda. gov/Data/BiotechCrops/；Stephen R. Palumbi，*Evolution Explosion：How Humans Cause Rapid Evolutionary Change*（New York：W. W. Norton，2001），143-161；Marc Kaufman，" 'Frankenfish' or Tomorrow's Dinner? Biotech Salmon Face a Current of Environmental Worry," *Washington Post*，October 17，2000，A1；Rick Weiss，"Biotech Research Branches Out：Gene-Altered Trees Raise Thickets of Promise，Concern," *Washington Post*，August 3，2000，A1；Rick Weiss，"Plant's Genetic Code Deciphered：Data Called a Biological 'Rosetta Stone, 'an Engineering Toolbox," *Washington Post*，December 14，2000，A3；Michael Specter，"The Pharmageddon Riddle," *New Yorker*，April 10，2000，58-71；William Claiborne，"Biotech Corn Traces Dilute Bumper Crop," *Washington Post*，October 25，2000，A3；David W. Ow，Keith V. Wood，Marlene DeLuca，Jeffrey R. de Wet，Donald R. Helinski，and Stephen H. Howell，"Transient and Stable Expression of the Firefly Luciferase Gene in Plant Cells and Transgenic Plants," *Science* 234（1986）：856-859.

22. Biotechnology Industry Organization，*Guide to Biotechnology*（Washington，DC：Biotechnology Industry Organization，[n. d.]），79，83.

23. 同上，83。

24. Larry Moran，"Roundup Ready R_ Transgenic Plants," http：//sandwalk. blogspot. com/2007/03/roundup-ready-transgenic-plants. html；Australian Government，Department of Health and Ageing，Office of the Gene Technology Regulator，"Application of Licence for Commercial Release of GMO into the Environment，Application no. DIR 062/

2005,"http：//www. health.　gov. au/internet/ogtr/publishing. nsf/Content/ir-1/.

25. Bayer CropScience,"Liberty Labels,"http：//www. bayercropscienceus. com/products and seeds/herbicides/liberty. html.

26. Rachel Schurman and William Munro,"Targeting Capital：A Cultural Economy Approach to Understanding the Efficacy of Two Anti-genetic Engineering Movements," *American Journal of Sociology* 115, no.　1（2009）：155-202；Keiko Yonekura-Sakakibara and Kazuki Saito,"Review：Genetically Modified Plants for the Promotion of Human Health," *Biotechnology Letters* 28（2006）：1983-1991.

27. Palumbi, *Evolution Explosion*, 144-146.

28. 同上，149。

29. Bruce E.　Tabashnik, Aaron J.　Gassmann, David W.　Crowder, and Yves Carriere, "Insect Resistance to Bt.　Crops：Evidence versus Theory," *Nature Biotechnology* 26, no.　2（2008）：199-202.

30. Pallava Bagla,"Hardy Cotton-Munching Pests Are Latest Blow to GM Crops," *Science* 327（2010）：1439. Monsanto did not state the Linnaean name for pink bollworm in the announcement about resistance on its Web site（http：//www. monsanto. com/monsanto today/for the record/india pink bollworm. asp）. 有关抵抗力的声明中说明粉红色螟蛉虫的林奈式动植物分类名称。声明称其与印度棉花研究中心一起进行了研究，后者的网站（http：//www. cicr. org. in/research＿notes/insec＿mite＿pest. pdf）将这种粉红色的螟蛉虫确定为红铃麦蛾（桑德）。美国农业部确认，在印度出现的粉红色螟蛉虫为棉红铃虫（桑德斯）。Steven E.　Naranjo, George D.　Butler Jr., and Thomas J.　Henneberry, *A Bibliography of the Pink Bollworm Pectinophora gossypiella*（Saunders）（Washington, DC：U.　S.　Department of Agriculture, 2001）.

31. Sakuntala Sivasupramaniam, Graham P.　Head, Leigh English, Yue Jin Li, and Ty T.　Vaughn,"A Global Approach to Resistance Monitoring," *Journal of Invertebrate Pathology* 95（2007）：224-226.

32. R. J. Mahon, K. M. Olsen, K. A. Garsia, and S. R. Young, "Resistance to *Bacillus thuringiensis* Toxin Cry2Ab in a Strain of *Helicoverpa armigera* (Lepidoptera: Noctuidae) in Australia," *Journal of Economic Entomology* 100, no. 3 (2007): 894-902.

33. Barrie Edward Juniper and David J. Mabberley, *Story of the Apple* (Portland, OR: Timber Press, 2006), 92-94; Gabor Vajta and Mickey Gjerris, "Science and Technology of Farm Animal Cloning: State of the Art," *Animal Reproduction Science* 92 (2006): 211-230.

34. E. F. Knipling, "Control of Screw-Worm Fly by Atomic Radiation," *Scientific Monthly* 85, no. 4 (1957): 195-202.

35. Frank Fenner, "Smallpox: Emergence, Global Spread, and Eradication," *History and Philosophy of the Life Sciences* [*Great Britain*] 15, no. 3 (1993): 397-420; Derrick Baxby, "The End of Smallpox," *History Today* [*Great Britain*] 49, no. 3 (1999): 14-16.

第八章　共进化

1. Paul R. Ehrlich and Peter H. Raven, "Butterflies and Plants: A Study in Coevolution," *Evolution* 18 (1964): 586-608.

2. Daniel J. Kevles, In the Name of Eugenics: Genetics and the Uses of Human Heredity (New York: Knopf, 1985) .

3. Luigi Luca Cavalli-Sforza, *Genes, Peoples, and Languages* (Berkeley: University of California Press, 2000), 57-59; Nina G. Jablonski, "The Evolution of Human Skin and Skin Color," *Annual Review of Anthropology* 33 (2004): 600; Nina G. Jablonski and George Chaplin, "The Evolution of Human Skin Coloration," *Journal of Human Evolution* 39 (2000): 57-106, esp. 58-59.

4. Jablonski, "Evolution of Human Skin and Skin Color," 588-591; Brian McEvoy, Sandra

Beleza, and Mark D. Shriver, "The Genetic Architecture of Normal Variation in Human Pigmentation: An Evolutionary Perspective and Model," *Human Molecular Genetics* 15 (2006): R176-R181; Jablonski and Chaplin, "Evolution of Human Skin Coloration," 58-59.

5. Jared Diamond, "Geography and Skin Color," *Nature* 435 (2005): 283-284.

6. Jablonski, "Evolution of Human Skin and Skin Color"; Diamond, "Geography and Skin Color."

7. Jablonski and Chaplin, "Evolution of Human Skin Coloration."

8. 同上; Jablonski, "Evolution of Human Skin and Skin Color."

9. Jablonski and Chaplin, "Evolution of Human Skin Coloration"; Jablonski, "Evolution of Human Skin and Skin Color"; Esteban Parra, "Human Pigmentation Variation: Evolution, Genetic Basis, and Implications for Public Health," *Yearbook of Physical Anthropology* 50 (2007): 85-105.

10. Diamond, "Geography and Skin Color."

11. Ann Gibbons, "American Association of Physical Anthropologists Meeting: European Skin Turned Pale Only Recently, Gene Suggests," *Science* 316 (2007): 364.

12. Kirk E. Lohmueller, Amit R. Indap, Steffen Schmidt, Adam R. Boyko, Ryan D. Hernandez, Melissa J. Hubisz, John J. Sninsky, et al., "Proportionally More Deleterious Genetic Variation in European Than in African Populations," *Nature* 451 (2008): 994-998.

13. David Brown, "Genetic Mutations Offer Insights on Human Diversity," *Washington Post*, February 22, 2008, A5; C. D. Bustamante, A. Fledel-Alon, S. Williamson, R. Nielsen, M. T. Hubisz, S. Glanowski, D. M. Tanenbaum, T. J. White, J. J. Sninsky, and R. D. Hernandez, "Natural Selection on Protein-Coding Genes in the Human Genome," *Nature* 437 (2005): 1153-1157.

14. J. Burger, M. Kirchner, B. Bramanti, W. Haak, and M. G. Thomas, "Absence of

the Lactase-Persistence-Associated Allele in Early Neolithic Europeans," *Proceedings of the National Academy of Sciences of the United States of America* 104, no. 10 (2007): 3736-3741. 乳糖分解酵素能把乳糖分解为葡萄糖和半乳糖。

15. S. A. Tishkoff, F. A. Reed, A. Ranciaro, B. F. Voight, C. C. Babbitt, J. S. Silverman, K. Powell, et al. , "Convergent Adaptation of Human Lactase Persistence in Africa and Europe," *Nature Genetics* 39, no. 1 (2007): 31-40.

16. F. Imtiaz, E. Savilahti, A. Sarnesto, D. Trabzuni, K. Al-Kahtani, I. Kagevi, M. S. Rashed, B. F. Meyer, and I. Jarvela, "The T/G 13915 Variant Upstream of the Lactase Gene (LCT) Is the Founder Allele of Lactase Persistence in an Urban Saudi Population," *Journal of Medical Genetics* 44, no. 10 (2007): e89.

17. 这一类比并不准确。与书面英语不同，DNA 不用空白隔开单词，而是像电报员用单词 stop 来表明句子结束那样，DNA 使用某些字母的组合来标明单词的开始与结束。

18. T. Bersaglieri, P. C. Sabeti, N. Patterson, T. Vanderploeg, S. F. Schaffner, J. A. Drake, M. Rhodes, D. E. Reich, and J. N. Hirschhorn, "Genetic Signatures of Strong Recent Positive Selection at the Lactase Gene," *American Journal of Human Genetics* 74, no. 6 (2004): 1111-1120. 这一研究发现了几乎完全一样的 22018-位差异百分比（乳糖耐受型种群具有分子 G，而乳糖不耐受型种群具有分子 A）。该研究报告了除瑞典与芬兰人外的所有人类的 22018-位数据。

19. H. M. Sun, Y. D. Qiao, F. Chen, L. D. Xu, J. Bai, and S. B. Fu, "The Lactase Gene-13910T Allele Can Not Predict the Lactase-Persistence Phenotype in North China," *Asia Pacific Journal of Clinical Nutrition* 16, no. 4 (2007): 598-601; N. S. Enattah, A. Trudeau, V. Pimenoff, L. Maiuri, S. Auricchio, L. Greco, M. Rossi, et al. , "Evidence of Still-Ongoing Convergence Evolution of the Lactase Persistence T-13910 Alleles in Humans," *American Journal of Human Genetics* 81, no. 3 (2007): 615-625; N. S. Enattah, T. G. Jensen, M. Nielsen, R. Lewinski, M. Kuokkanen,

H. Rasinpera, H. El-Shanti, et al. , "Independent Introduction of Two Lactase-Persist-ence Alleles into Human Populations Reflects Different History of Adaptation to Milk Culture," *American Journal of Human Genetics* 82, no. 1 (2008): 57-72; Imtiaz et al. , "The T/G 13915 Variant"; Tishkoff et al. , "Convergent Adaptation of Human Lactase Persistence. "

20. Enattah et al. , "Independent Introduction of Two Lactase-Persistence Alleles"; Tish-koff et al. , "Convergent Adaptation of Human Lactase Persistence"; S. Myles, N. Bouzekri, E. Haverfield, M. Cherkaoui, J. M. Dugoujon, and R. Ward, "Genetic Evidence in Support of a Shared Eurasian-North African Dairying Origin," *Human Ge-netics* 117, no. 1 (2005): 34-42; Enattah et al. , "Evidence of Still-Ongoing Conver-gence Evolution. "

21. Burger et al. , "Absence of the Lactase-Persistence-Associated Allele"; Bersaglieri et al. , "Genetic Signatures of Strong Recent Positive Selection"; Tishkoff et al. , "Con-vergent Adaptation of Human Lactase Persistence. "

22. Kevin N. Laland, John Odling-Smee, and Sean Myles, "How Culture Shaped the Hu-man Genome: Bringing Genetics and the Human Sciences Together," *Nature Reviews Genetics* 11 (2010): 137-148.

23. Douglas J. Futuyma, *Evolutionary Biology*, 3rd ed. (Sunderland, MA: Sinauer Asso-ciates, 1998), 579-604.

24. William H. Durham, *Coevolution: Genes, Culture, and Human Diversity* (Palo Alto, CA: Stanford University Press, 1991), 3-10.

25. 同上, 419-428。

26. Richard Dawkins, *The Selfish Gene* (New York: Oxford University Press, 1976) .

27. Lawrence C. Hamilton and Melissa J. Butler, "Outport Adaptations: Social Indicators through Newfoundland's Cod Crisis," *Human Ecology Review* 8 (2001): 1-11.

28. Stephen R. Palumbi, "Humans as the World's Greatest Evolutionary Force," *Science*

293（2001）：1788. 帕鲁姆比给出了 1999 年对利奈唑胺进化产生抵抗力的数据，但我使用的是我能找到的金黄色葡萄球菌的最早临床隔离抵抗力报告。Sotirios Tsiodras, Howard S. Gold, George Sakoulas, George M. Eliopoulos, Christine Wennersten, Lata Venkataraman, Robert C. Moellering Jr., and Mary Jane Ferraro, "Linezolid Resistance in a Clinical Isolate of *Staphylococcus aureus*," *Lancet* 358（2001）：207-208.

29. A balanced account is Robert Bud, *Penicillin: Triumph and Tragedy*（Oxford: Oxford University Press, 2007）, 330.

30. Douglas J. Futuyma and Montgomery Slatkin, eds., Coevolution（Sunderland, MA: Sinauer Associates, 1983）; V. P. Sharma, "Vector Genetics in Malaria Control," in *Malaria: Genetic and Evolutionary Aspects*, ed. Krishna R. Dronamraju and Paolo Arese（New York: Springer, 2006）, 158-161; Laland et al., "How Culture Shaped the Human Genome."

31. Kevles, *In the Name of Eugenics*.

第九章　工业革命的进化

1. Fernand Braudel, *A History of Civilizations*（New York: A. Lane, 1993）; Joel Mokyr, "Editor's Introduction: The New Economic History and the Industrial Revolution," in *The British Industrial Revolution: An Economic Perspective*, ed. Joel Mokyr（San Francisco: Westview Press, 1993）, 96-100; David S. Landes, *The Unbound Prometheus: Technological Change and Industrial Development in Western Europe from 1750 to the Present*（Cambridge: Cambridge University Press, 2003）, 41-45; William H. McNeill, *A World History*（Oxford: Oxford University Press, 1999）, 420; Walter W. Rostow, *The Stages of Economic Growth: A Non-Communist Manifesto*（Cambridge: Cambridge University Press, 1960）, 54-55; Alfred P. Wadsworth and Julia de Lacy Mann, *The Cotton*

Trade and Industrial Lancashire, 1600-1780（New York：Augustus M. Kelley, ［1931］ 1968）；Paul Mantoux, *The Industrial Revolution in the Eighteenth Century：An Outline of the Beginnings of the Modern Factory System in England*（London：Jonathan Cape, 1928）, 193-276；C. Knick Harley, "Cotton Textile Prices and the Industrial Revolution," *Economic History Review* 51, no. 1（1998）：49-83；Phyllis Deane, *The First Industrial Revolution*（Cambridge：Cambridge University Press, 1979）, 87-102；Phyllis Deane and W. A. Cole, *British Economic Growth* 1688-1959：*Trends and Structure*（Cambridge：Cambridge University Press, 1967）, 182-214；James Thomson, "Invention in the Industrial Revolution：The Case of Cotton," in *Exceptionalism and Industrialization：Britain and Its European Rivals, 1688-1815*, ed. Leandro Prados de la Escosura（Cambridge：Cambridge University Press, 2004）, 127-144.

2. 大卫·兰德斯认为，"工业革命的核心是一系列相互关联的技术变革。"Landes, *Unbound Prometheus*, 1. 乔尔·莫克提出，人们应该"主要从加速发展的、史无前例的技术变革的观点看待工业革命"。Joel Mokyr, *The Lever of Riches：Technological Creativity and Economic Progress*（New York：Oxford University Press, 1990）, 82. See also Braudel, *History of Civilizations*, 377；McNeill, *World History*, 420-423. 卡尔·马克思在他的名言中抓住了这一观点："风动磨坊给你的是封建领主的社会；汽动磨坊给你的是工业资本家的社会。"Karl Marx, *The Poverty of Philosophy*, trans. H. Quelch（Chicago：Charles H. Kerr, 1910）, 119. 其他的翻译用"手磨"而非"风动磨坊"。William H. Shaw, " ' The Handmill Gives You the Feudal Lord'：Marx's Technological Determinism," *History and Theory* 18（1979）：155-176. 我在这里用的技术指的是比工具或机械更多的东西，其中包括了在它们周围的社会系统，使之大致相当于马克思的"生产因素"。弗里德里希·恩格斯认为，"蒸汽和制造工具的新机械把制造业改造成了现代工业，从而对资产阶级社会的整个基础进行了革命。"Friedrich Engels, "Socialism：Utopian and Scientific," in *The Marx-Engels Reader*, ed. Robert C. Tucker, 2nd ed.（New York：W. W. Norton, 1978）, 690. 兰德斯

提出：“正是工业革命引起了技术的持续进步，经济生活的一切方面都将感受到它的震荡。”Landes, *Unbound Prometheus*, 3. 莫克提出：“技术创造力是西方崛起的真正基础，它是西方财富的杠杆。”Mokyr, *Lever of Riches*, vii.

3. Mokyr, Lever of Riches, 96-98；Landes, Unbound Prometheus, 84-85；Harley, "Cotton Textile Prices and the Industrial Revolution," 50.

4. Mokyr, *Lever of Riches*, 99.

5. James A. B. Scherer, *Cotton as a World Power: A Study in the Economic Interpretation of History* (New York: Frederick A. Stokes, 1916), 57-58; O. L. May and K. E. Lege, "Development of the World Cotton Industry," in *Cotton: Origin, History, Technology, and Production*, ed. C. Wayne Smith and J. Tom Cothren (New York: John Wiley, 1999), esp. 67-76.

6. Mantoux, *Industrial Revolution in the Eighteenth Century*, 25; Patrick O'Brien, Trevor Griffiths, and Philip Hunt, "Political Components of theIndustrial Revolution: Parliament and the English Cotton Textile Industry, 1660-1774," *Economic History Review* 44, no. 3 (1991): 395-423; Patrick O'Brien, "Central Government and the Economy, 1688-1815," in *1700-1860*, vol. 1 of *The Economic History of Britain since* 1700, ed. Roderick Floud and Donald McCloskey (Cambridge: Cambridge University Press, 1994), 205-241; Douglas A. Farnie, "The Role of Merchants as PrimeMovers in the Expansion of the Cotton Industry, 1760-1990," in *The Fibre That Changed the World: The Cotton Industry in International Perspective, 1600-1990s*, ed. Douglas A. Farnie and David J. Jeremy (Oxford: Oxford University Press, 2004), 15-55; John Singleton, "The Lancashire Cotton Industry, the Royal Navy, and the British Empire, c. 1700-c. 1960," in Farnie and Jeremy, *Fibre That Changed the World*, 57-83.

7. Rostow, Stages of Economic Growth, 8, 54, 57; Deane, First Industrial Revolution, 1-2; Deane and Cole, British Economic Growth 1688-1959; Peter Mathias and John A. Davis, eds., The First Industrial Revolutions (Oxford: Basil Blackwell, 1989); R. M.

Hartwell, The Industrial Revolution and Economic Growth (London: Methuen, 1971);
Leandro Prados de la Escosura, ed. , Exceptionalism and Industrialisation: Britain and
Its European Rivals, 1688-1815 (Cambridge: Cambridge University Press, 2004);
Floud and McCloskey, Economic History of Britain since 1700.

8. Rostow, *Stages of Economic Growth*, 8, 54, 57.

9. Hartwell, *Industrial Revolution and Economic Growth*, 122.

10. Donald McCloskey, "1780-1860: A Survey," in Floud and McCloskey, *Economic History of Britain since 1700*, 242-270.

11. Harley, "Cotton Textile Prices and the Industrial Revolution," 49-83.

12. Eric Hobsbawm, *Workers: Worlds of Labor* (New York: Pantheon, 1984) .

13. Jan de Vries, *The Industrious Revolution: Consumer Behavior and the Household Economy, 1650 to the Present* (New York: Cambridge University Press, 2008) .

14. Rostow, *Stages of Economic Growth*, 8.

15. Kenneth Pomeranz, *The Great Divergence: Europe, China, and the Making of the Modern World Economy* (Princeton, NJ: Princeton University Press, 2000); Alf Hornborg, "Footprints in the Cotton Fields: The Industrial Revolution as Time-Space Appropriation and Environmental Load Displacement," in *Rethinking Environmental History: World-System History and Global Environmental Change*, ed. Alf Hornborg, John R. McNeill, and Joan Martinez-Alier (New York: Altamira, 2007), 259-272.

16. Pomeranz, *Great Divergence*; E. A. Wrigley, *Continuity, Chance, and Change: The Character of the Industrial Revolution in England* (New York: Cambridge University Press, 1988), 17.

17. Harold Perkin, *The Origins of Modern English Society*, 2nd ed. (London: Routledge, 2002), 3, 5.

18. Mokyr, "Editor's Introduction," 5.

19. John R. McNeill, *Something New under the Sun: An Environmental History of the Twen-*

tieth-century World (New York: W. W. Norton, 2000), 421; Joachim Radkau, *Nature and Power: A Global History of the Environment* (Cambridge: Cambridge University Press, 2008), 195-198, 239-249; I. G. Simmons, *An Environmental History of Great Britain: From* 10,000 *Years Ago to the Present* (Edinburgh: Edinburgh University Press, 2001), 148-191; Shepard Krech, John Robert McNeill, and Carolyn Merchant, *Encyclopedia of World Environmental History* (New York: Routledge, 2004), 687-691; Theodore Steinberg, *Nature Incorporated: Industrialization and the Waters of New England* (New York: Cambridge University Press, 1991); Peter Thorsheim, *Inventing Pollution: Coal, Smoke, and Culture in Britain since 1800* (Athens: Ohio University Press, 2006); Stephen R. Mosley, *The Chimney of the World: A History of Smoke Pollution in Victorian and Edwardian Manchester* (Cambridge, UK: White Horse Press, 2001), 288.

20. Philip Scranton and Susan R. Schrepfer, eds., *Industrializing Organisms: Introducing Evolutionary History* (New York: Routledge, 2004).

21. Alan Olmstead and Paul W. Rhode, *Creating Abundance: Biological Innovation and American Agricultural Development* (New York: Cambridge University Press, 2008), 100.

22. Makrand Mehta, *The Ahmedabad Cotton Textile Industry: Genesis and Growth* (Ahmedabad, India: New Order, 1982), 38.

23. Patrick O'Brien, Trevor Griffiths, and Phillip Hunt, "Political Components of the Industrial Revolution: Parliament and the English Cotton Textile Industry, 1660-1774," *Economic History Review* 44, no. 3 (1991): 415.

24. Landes, *Unbound Prometheus*, 83.

25. Mokyr, *Lever of Riches*, 100.

26. 对于制造棉布的渴望或许没有激发纺纱的第一次实验。秘鲁考古学家发现了棉绳制造的渔网和索具。C. L. Brubaker, F. M. Bourland, and J. F. Wendel, "Ori-

gin and Domestication of Cotton," in Smith and Cothren, *Cotton*, 3-31; Kara M. Butterworth, Dean C. Adams, Harry T. Horner, and Jonathan F. Wendel, "Initiation and Early Development of Fiber in Wild and Cultivated Cotton," *International Journal of Plant Sciences 170* (2009): 561-574; Jonathan F. Wendel, Curt L. Brubaker, and Tosak Seelanan, "The Origin and Evolution of *Gossypium*," in *Physiology of Cotton*, ed. J. M. Stewart et al. (Netherlands: Springer, 2010), 1-18.

27. Brubaker et al., "Origin and Domestication of Cotton."

28. 同上。

29. Wadsworth and Mann, *Cotton Trade and Industrial Lancashire*, 175-176; Brubaker et al., "Origin and Domestication of Cotton"; Jonathan F. Wendel and Richard C. Cronn, "Polyploidy and the Evolutionary History of Cotton," *Advances in Agronomy* 78 (2003): 139-186; Jonathan F. Wendel, Curt L. Brubaker, and Tosak Seelanan, "The Origin and Evolution of *Gossypium*," in *Physiology of Cotton*, ed. J. M. Stewart, D. Oosterhuis, J. J. Heitholt, and J. R. Mauney, J. R. (Dordrecht: Springer, 2010), 1-18.

30. Brubaker et al., "Origin and Domestication of Cotton."

31. 同上。

32. T. S. Ashton, *The Industrial Revolution* 1760-1830 (London: Oxford University Press, [1948] 1967), 58.

33. Edward Baines, *History of the Cotton Manufacture in Great Britain* (New York: Augustus M. Kelley, [1835] 1966), 53. 贝尼斯以后的许多学者赞同他的观点，认为英格兰发明家和发明驱动了工业革命。

34. Pomeranz, *Great Divergence*, 274-278; Hornborg, "Footprints in the Cotton Fields"; Kenneth Morgan, *Slavery, Atlantic Trade, and the British Economy, 1660-1800* (Cambridge: Cambridge University Press, 2000), 65.

35. Christopher Columbus, *The Journal of His First Voyage to America* (London: Jarrolds,

［n. d.］），64-65. 在他的游记中，哥伦布至少 23 次提到了棉花。May and Lege，"Development of the World Cotton Industry."

36. Angela Lakwete，*Inventing the Cotton Gin: Machine and Myth in Antebellum America* (Baltimore: Johns Hopkins University Press，2003)，21-37.

37. C. R. Benedict，R. J. Kohel，and H. L. Lewis，"Cotton Fiber Quality," in Smith and Cothren，*Cotton*，esp. 283.

38. 同上。

39. Mokyr，*Lever of Riches*，98.

40. May and Lege，"Development of the World Cotton Industry"；Thomas Ellison，*The Cotton Trade of Great Britain* (London: Frank Cass，1968)，19；Baines，*History of the Cotton Manufacture in Great Britain*，183.

41. Wadsworth，*Cotton Trade and Industrial Lancashire*，175-176，275.

42. 同上，15-17；Brubaker et al.，"Origin and Domestication of Cotton"；Ellison，*Cotton Trade of Great Britain*，16.

43. Wadsworth，*Cotton Trade and Industrial Lancashire*，520-521.

44. 这一结论建立在推理的基础上。直到 1780 年，所有来自旧大陆的进口棉花都运往伦敦港，来自新大陆的棉花也运往伦敦，但大部分运往利物浦港。伦敦几乎接受了所有来自旧大陆的棉花，而兰开夏郡则接受了几乎所有新大陆棉花。Wadsworth，*Cotton Trade and Industrial Lancashire*，155，175. 伦敦把列万特（还有西印度群岛）的棉花转运往利物浦，但正式公布的利物浦棉商的账目中提到的几乎全都是来自新大陆的各种棉花，很少说到列万特（有时候叫做士麦那）棉花。在为数不多的对后者的记录中，有商人称这些棉花是打算用来做包装内层的。Wadsworth，*Cotton Trade and Industrial Lancashire*，188-189，233，268-272；James A. Mann，*The Cotton Trade of Great Britain: Its Rise，Progress，and Present Extent* (London: Simpkin，Marshall，1860)，23；Ellison，*Cotton Trade of Great Britain*，166-168.

45. Wadsworth, *Cotton Trade and Industrial Lancashire*, 411-503.

46. 部分是由于对英格兰机器出口的限制。Mehta, *Ahmedabad Cotton Textile Industry*, 12.

47. 斯特拉特家族消费了五包"波旁"棉花，这就是陆地棉，是新大陆品种；还有 12 包棉花被定义为"优良"，未说明其产地，但人们并不认为旧大陆品种是优良 的。1800 年斯特拉特家族开始使用高地北美棉花（陆地棉），1803 年消费了 899 包。阿克赖特家族也创造了一个纺织王朝，但几乎所有关于阿克赖特纺织厂的记 录都失传了。R. S. Fitton and A. P. Wadsworth, *The Strutts and the Arkwrights*, 1758-1830（Manchester, UK：Manchester University Press, 1958），261-265. J. O. Ware, "Plant Breeding and the Cotton Industry," in *Yearbook of Agriculture 1936* （Washington, DC：U. S. Government Printing Office, 1936），658；*Economist*, "Supply of Cotton：Various Descriptions of the Article" May 23, 1857, 559-560.

48. Lakwete, *Inventing the Cotton Gin*, 63.

49. Ellison, *Cotton Trade of Great Britain*, 83-86.

50. E. R. J. Owen, *Cotton and the Egyptian Economy 1820-1914：A Study in Trade and Development*（Oxford：Clarendon Press, 1969）；Richard G. Percy, *Plant Genetics and Genomics：Crops and Models：Genetics and Genomics of Cotton*（New York：Springer, 2009），sec. 3. 22.

51. Ware, "Plant Breeding and the Cotton Industry," 657-744.

52. *Economist*, "Supply of Cotton," 559-560.

53. 印度棉花的确有几项人们喜爱的特性，这种棉花略带奶油色，易染色，漂白时 能膨胀从而填充布缝，但这些优点并没有压倒其缺点。John Forbes Royle, "On the Culture and Commerce of Cotton in India. Part 1," *Knowsley Pamphlet Collection* （1850）：22-25；Frenise A. Logan, "India's Loss of the British Cotton Market after 1865," *Journal of Southern History* 31, no. 1（1965）：44-45；Arthur W. Silver, *Manchester Men and Indian Cotton*, 1847-1872（Manchester, UK：Manchester University

Press，1966），295；*Economist*，"Supply of Cotton，" esp. 560.

54. *Economist*，"Supply of Cotton，" 560，强调其起源．

55. L. S. Wood and A. Wilmore，*The Romance of the Cotton Industry in England*（Oxford：Oxford University Press，1927），249.

56. Royle，"On the Culture and Commerce of Cotton in India，" 86-91，99；Peter Harnetty，"The Cotton Improvement Program in India 1865-1875，" *Agricultural History* 44，no. 4（1970）：379-392；Silver，*Manchester Men and Indian Cotton*，34-42.

57. Francis A. Wood and George A. F. Roberts，"Natural Fibers and Dyes，" in *The Cultural History of Plants*，ed. Sir Ghillean Prance and Mark Nesbitt（New York：Routledge，2005），287-289；R. Hovav，B. Chaudhary，J. A. Udall，L. Flagel，and J. F. Wendel，"Parallel Domestication，Convergent Evolution and Duplicated Gene Recruitment in Allopolyploid Cotton，" *Genetics* 179，no. 3（2008）：1725-1733. 美国、中国、印度、巴基斯坦、巴西和土耳其是世界上最大的棉花生产国。

58. 数字来自 Wendel et al.，"Origin and Evolution of *Gossypium*." See also A. E. Percival，J. E. Wendel，and J. M. Stewart，"Taxonomy and Germplasm Resources，" in Smith and Cothren，*Cotton*，33-63；Wendel and Cronn，"Polyploidy and the Evolutionary History of Cotton."

59. 每个基因组（A-G 和 G）都由 13 对染色体组成。大部分棉花物种有一个基因组，因此它们的性细胞中有 13 个染色体（每对贡献一个），其他细胞中有 26 个染色体（每对贡献两个）。而另一方面，具有 AD 基因组的物种则携带着来自 A 型基因组中的 13 对染色体，和来自 D 型基因组中的另外 13 对染色体，因此共有 26 对染色体。它们的性细胞有 26 个染色体，其他细胞有 52 个染色体。Percival et al.，"Taxonomy and Germplasm Resources"；Wendel and Cronn，"Polyploidy and the Evolutionary History of Cotton"；Wendel et al.，"Origin and Evolution of *Gossypium*"；Brubaker et al.，"Origin and Domestication of Cotton." 描述携带四套染色体这一现象的术语是四倍体。

60. O. T. Westengen, Z. Huaman, and M. Heun, "Genetic Diversity and Geographic Pattern in Early South American Cotton Domestication," *Theoretical and Applied Genetics* 110, no. 2 (2005): 392-402; Wendel and Cronn, "Polyploidy and the Evolutionary History of Cotton."

61. Hovav et al., "Parallel Domestication"; Jeff J. Doyle, Lex E. Flagel, Andrew H. Paterson, Ryan A. Rapp, Douglas E. Soltis, Pamela S. Soltis, and Jonathan F. Wendel, "Evolutionary Genetics of Genome Merger and Doubling in Plants," *Annual Review of Genetics* 42 (2008): 443-461; Lex E. Flagel and Jonathan Wendel, "Gene Duplication and Evolutionary Novelty in Plants," *New Phytologist* 183 (2009): 557-564.

62. Michael M. Edwards, *The Growth of the British Cotton Trade, 1780-1815* (New York: A. M. Kell [e] y, 1967), 80-82; Hameeda Hossain, *The Company Weavers of Bengal: The East India Company and the Organization of Textile Production in Bengal 1750-1813* (Delhi: Oxford University Press, 1988), 24.

63. Royle, "On the Culture and Commerce of Cotton in India," 86-91, 99; Harnetty, "The Cotton Improvement Program in India"; Silver, *Manchester Men and Indian Cotton*, 34-42.

64. Royle, "On the Culture and Commerce of Cotton in India," 91-95.

65. Harnetty, "The Cotton Improvement Program in India"; Baines, *History of the Cotton Manufacture in Great Britain*, 63.

66. Harnetty, "The Cotton Improvement Program in India"; Baines, *History of the Cotton Manufacture in Great Britain*, 55-76; Hossain, *Company Weavers of Bengal*, 40-43.

67. Hossain, *Company Weavers of Bengal*, 22-35; Baines, *History of the Cotton Manufacture in Great Britain*, 74.

68. Harnetty, "The Cotton Improvement Program in India."

69. Hossain, *Company Weavers of Bengal*, 32.

70. Eric Williams, *Capitalism and Slavery* (Chapel Hill: University of North Carolina

Press, 1944); Kenneth Morgan, *Slavery and the British Empire: From Africa to America* (Oxford: Oxford University Press, 2007); Morgan, *Slavery, Atlantic Trade, and the British Economy*.

71. Morgan, *Slavery and the British Empire*, 68.

72. Wadsworth, *Cotton Trade and Industrial Lancashire*, 148-161. 其他学者也注意到了这些联系。

73. James A. Rawley and Stephen D. Behrendt, *The Transatlantic Slave Trade: A History*, Rev. ed. (Lincoln: University of Nebraska Press, 2005), 176-177.

74. Morgan, *Slavery, Atlantic Trade, and the British Economy*, 85-89.

75. Melinda Elder, *The Slave Trade and the Economic Development of Eighteenth-century Lancaster* (Halifax, NS, Canada: Ryburn, 1992), 28, 32, 95, 99, 170; Morgan, *Slavery, Atlantic Trade, and the British Economy*, 9-24.

76. 贩奴也增强了兰开夏郡制作全棉布的愿望。非洲人对全棉布的偏好远胜于棉麻粗布，英格兰商人们试图用棉麻粗布冒充全棉布，但非洲人学会了通过撕扯布样来分辨这两种布：棉麻经纱十分坚韧，难以撕断。在找到竞争方法之前，兰开夏郡的纺织业主只能眼睁睁地看着满载着来自东印度群岛全棉布的利物浦商船扬帆出海。Morgan, *Slavery and the British Empire*, 68; Wadsworth, *Cotton Trade and Industrial Lancashire*, 150-155, 175-176.

第十章　技术史

1. Jeffrey K. Stine and Joel A. Tarr, "At the Intersection of Histories: Technology and the Environment," *Technology and Culture* 39, no. 4 (1998): 610-640; Martin V. Melosi, *Garbage in the Cities: Refuse, Reform, and the Environment 1880-1980* (College Station: Texas A & M University Press, 1981); Jeffrey K. Stine, *Mixing the Waters: Environment, Politics, and the Building of the Tennessee-Tombigbee Waterway* (Akron, OH:

University of Akron Press, 1993); Joel A. Tarr, *The Search for the Ultimate Sink: Urban Pollution in Historical Perspective* (Akron, OH: University of Akron Press, 1996); James C. Williams, *Energy and the Making of Modern California* (Akron, OH: University of Akron Press, 1997).

2. Envirotech, "Are Animals Technology?" http://www.udel.edu/History/gpetrick/envirotech; Envirotech, "More Animals as Technology," http://www.udel.edu/History/gpetrick/envirotech.

3. Clay McShane and Joel A. Tarr have since published a book suggesting that horses in cities were living machines: Clay McShane and Joel A. Tarr, *The Horse in the City: Living Machines in the Nineteenth Century* (Baltimore: Johns Hopkins University Press, 2007).

4. Philip Scranton and Susan R. Schrepfer, eds., *Industrializing Organisms: Introducing Evolutionary History* (New York: Routledge, 2004).

5. *Landscape of America's First Oil Boom* (Baltimore: Johns Hopkins University Press, 2000); Adam Rome, *The Bulldozer in the Countryside: Suburban Sprawl and the Rise of American Environmentalism* (New York: Cambridge University Press, 2001); Edmund Russell, " 'Speaking of Annihilation': Mobilizing for War against Human and Insect Enemies, 1914-1945," *Journal of American History* 82 (1996): 1505-1529; Edmund Russell, " 'Lost among the Parts Per Billion': Ecological Protection at the United States Environmental Protection Agency, 1970-1993," *Environmental History* 2 (1997): 29-51; Edmund Russell, "The Strange Career of DDT: Experts, Federal Capacity, and 'Environmentalism' in World War II," *Technology and Culture* 40 (1999): 770-796; Edmund Russell, *War and Nature: Fighting Humans and Insects with Chemicals from World War I to Silent Spring* (New York: Cambridge University Press, 2001); Stine, *Mixing the Waters*; Tarr, *Search for the Ultimate Sink*; Richard White, *The Organic Machine* (New York: Hill and Wang, 1995); Williams, *Energy and the Making of Modern California*. Rutgers recently began a new PhD program in the history of technology, envi-

ronment, and health. Paul Israel, "New Ph. D. Program Announcement," *Envirotech Newsletter*, *September* 2001, 1. The University of Virginia has created a Committee on the History of Environment and Technology, which is overseeing a new graduate field in the history of environment and technology. Jim Williams, "Envirotech an Official SIG," *Envirotech Newsletter*, September 2001, 1.

6. Biotechnology Industry Organization, "Bio," http: //www. bio. org/.

7. Rick Weiss, "Starved for Food, Zimbabwe Rejects US Biotech Corn," *Washington Post*, July 31 2002, A12

8. Leo Marx, *The Machine in the Garden*: *Technology and the Pastoral Ideal in America* (Oxford: Oxford University Press, 1967), 195. 有些人更喜欢用第二自然这类术语来指人类塑造的花园和其他景观。

9. 数量庞大的文献。其中包括 John K. Brown, "Design Plans, Working Drawings, National Styles: Engineering Practices in Great Britain and the United States, 1775-1945," *Technology and Culture* 41 (2000): 195-238; Ruth Schwartz Cowan, *More Work for Mother*: *The Ironies of Household Technology from the Open Hearth to the Microwave* (New York: Basic Books, 1983); Claude S. Fischer, *America Calling*: *A Social History of the Telephone to* 1940 (Berkeley: University of California Press, 1992); Donna Jeanne Haraway, *Simians*, *Cyborgs*, *and Women*: *The Reinvention of Nature* (New York: Routledge, 1991); Gabrielle Hecht, *The Radiance of France*: *Nuclear Power and National Identity after World War II* (Cambridge, MA: MIT Press, 1998); David A. Hounshell and John K. Smith, *Science and Corporate Strategy*: *Du Pont R & D*, *1902-1980* (Cambridge: Cambridge University Press, 1988); Thomas Parke Hughes, *Networks of Power*: *Electrification in Western Society*, *1880-1930* (Baltimore: Johns Hopkins University Press, 1983); Sheila Jasanoff et al. , eds. , *Handbook of Science and Technology Studies* (Thousand Oaks, CA: Sage, 1994); Nina E. Lerman, Arwen Palmer Mohun, and Ruth Oldenziel, "The Shoulders We Stand On and the View from Here: Historiography and

Directions of Research," *Technology and Culture* 38 (1997): 9-30; Donald A. Mac Kenzie, *Inventing Accuracy: An Historical Sociology of Nuclear Missile Guidance* (Cambridge, MA: MIT Press, 1990); Philip Scranton, *Beauty and Business: Commerce, Gender, and Culture in Modern America* (New York: Routledge, 2001); Philip Scranton, *Endless Novelty: Specialty Production and American Industrialization*, 1865-1925 (Princeton, NJ: Princeton University Press, 1997); Bruce Edsall Seely, *Building the American Highway System: Engineers as Policy Makers* (Philadelphia: Temple University Press, 1987).

10. Mark R. Finlay, "Hogs, Antibiotics, and the Industrial Environments of Postwar Agriculture," in Schrepfer and Scranton, Industrializing Organisms, 239, 248; Deborah Fitzgerald, *Every Farm a Factory: The Industrial Ideal in American Agriculture* (New Haven, CT: Yale University Press, 2003).

11. Finlay, "Hogs, Antibiotics, and the Industrial Environments of Postwar Agriculture," 242.

12. Roger Horowitz, "Making the Chicken of Tomorrow: Reworking Poultry as Commodities and as Creatures, 1945-1990," in Schrepfer and Scranton, *Industrializing Organisms*, 215-235.

13. Stephen Pemberton, "Canine Technologies, Model Patients: The Historical Production of Hemophiliac Dogs in American Biomedicine," in ibid. , 191-213.

14. Finlay, "Hogs, Antibiotics, and the Industrial Environments of Postwar Agriculture," 246.

15. Barbara Orland, "Turbo-Cows: Producing a Competitive Animal in the Nineteenth and Early Twentieth Centuries," in Schrepfer and Scranton, *Industrializing Organisms*, 167-189.

16. Horowitz, "Making the Chicken of Tomorrow," 215-235.

17. Roderick Nash, *Wilderness and the American Mind* (New Haven, CT: Yale University

Press, 1967); William Cronon, *Changes in the Land: Indians, Colonists, and the Ecology of New England* (New York: Hill and Wang, 1983); Carolyn Merchant, *The Death of Nature: Women, Ecology, and the Scientific Revolution* (San Francisco: Harper and Row, 1980); Donald Worster, *Dust Bowl: The Southern Plains in the 1930s* (New York: Oxford University Press, 1979).

18. Merritt Roe Smith and Leo Marx, eds., *Does Technology Drive History? The Dilemma of Technological Determinism* (Cambridge, MA: MIT Press, 1994); Wiebe E. Bijker, Thomas P. Hughes, and Trevor J. Pinch, eds., *The Social Construction of Technological Systems: New Directions in the Sociology and History of Technology* (Cambridge, MA: MIT Press, 1987).

19. Jared M. Diamond, *Guns, Germs, and Steel: The Fates of Human Societies* (New York: W. W. Norton, 1999); Clay McShane, "The Urban Horse as Cyborg" (unpublished manuscript, 2000); Joel A. Tarr, "A Note on the Horse as an Urban Power Source," *Journal of Urban History* 25 (1999): 434-448; William Boyd, "Making Meat: Science, Technology, and American Poultry Production," *Technology and Culture* 42 (2001): 631-664; Deborah Fitzgerald, *The Business of Breeding: Hybrid Corn in Illinois, 1890-1940* (Ithaca, NY: Cornell University Press, 1990); Jack Ralph Kloppenburg Jr., *First the Seed: The Political Economy of Plant Biotechnology, 1492-2000* (New York: Cambridge University Press, 1988); John H. Perkins, *Geopolitics and the Green Revolution: Wheat, Genes, and the Cold War* (New York: Oxford University Press, 1997); Harriet Ritvo, *The Animal Estate: The English and Other Creatures in the Victorian Age* (Cambridge, MA: Harvard University Press, 1987); Donna Haraway, "Universal Donors in a Vampire Culture: It's All in the Family: Biological Kinship Categories in the Twentieth Century United States," in *Uncommon Ground: Rethinking the Human Place in Nature*, ed. William Cronon (New York: W. W. Norton, 1996), 321-366; Robert E. Kohler, *Lords of the Fly: Drosophila Genetics and the Ex-*

perimental Life （Chicago：University of Chicago Press，1994）；Nicholas Russell，*Like Engend'ring Like：Heredity and Animal Breeding in Early Modern England* （New York：Cambridge University Press，1986）．

20. Willard Wesley Cochrane，*The Development of American Agriculture：Ahistorical Analysis* （Minneapolis：University of Minnesota Press，1979）；Yūjirō Hayami and Vernon W. Ruttan，*Agricultural Development：An International Perspective* （Baltimore：Johns Hopkins Press，1971）；Jeremy Atack，Fred Bateman，and William N. Parker，"The Farm，the Farmer，and the Market，" in *The Long Nineteenth Century*，vol. 2 of *The Cambridge Economic History of the United States*，ed. Stanely L. Engerman and Robert E. Gallman （New York：Cambridge University Press，2000）．All cited in Alan L. Olmstead and Paul W. Rhode，"Biological Innovation in AmericanWheat Production：Science，Policy，and Environmental Adaptation，" in Schrepfer and Scranton，*Industrializing Organisms*，43-83.

21. 同上；Alan Olmstead and Paul W. Rhode，*Creating Abundance：Biological Innovation and American Agricultural Development* （New York：Cambridge University Press，2008）．

22. Alan L. Olmstead and Paul W. Rhode，"Biological Innovation and Productivity Growth in American Wheat Production，1800-1940，" *Journal of Economic History* 62 （2002）：581.

23. Schrepfer and Scranton，*Industrializing Organisms*. 至于进化和选择在技术发展（但不是生物体）上的应用，see George Basalla，*The Evolution of Technology* （Cambridge：Cambridge University Press，1988）．

24. David W. Ow，Keith V. Wood，Marlene DeLuca，Jeffrey R. de Wet，Donald R. Helinski，and Stephen H. Howell，"Transient and Stable Expression of the Firefly Luciferase Gene in Plant Cells and Transgenic Plants，" *Science* 234 （1986）：856-859.

第十一章　环境史

1. Cheryl Oakes, librarian and archivist at the Forest History Society in Durham, North Carolina, kindly searched the database (titles and abstracts) for me in September 2002 and again in February 2010. The database contains other works on the history of evolutionary ideas, and works that use *evolution* to mean change in general, but this search focused instead on material (genetic) or ***cultural evolution*** in action. Authors of the works include popular writers, evolutionary biologists, and a paleoanthropologist. Stephen Budiansky, *The Covenant of the Wild: Why Animals Chose Domestication* (New Haven, CT: Yale University Press, 1999); Niles Eldredge, *Life in the Balance: Humanity and the Biodiversity Crisis* (Princeton, NJ: Princeton University Press, 1998); Dan Flores, "Nature's Children: Environmental History as Human Natural History," in *Human/Nature: Biology, Culture, and Environmental History*, ed. John P. Herron and Andrew G. Kirk (Albuquerque: University of New Mexico Press, 1999), 11-30; Stephen R. Kellert, *Kinship to Mastery: Biophilia in Human Evolution and Development* (Washington, DC: Island Press, 1997); Lynn Margulis, Clifford Matthews, and Aaron Haselton, eds., *Environmental Evolution: Effects of the Origin and Evolution of Life on Planet Earth*, 2nd ed. (Cambridge, MA: MIT Press, 2000); Rick Potts, *Humanity's Descent: The Consequences of Ecological Instability* (New York: Avon Books, 1997); Paul Shepard, *Coming Home to the Pleistocene* (Washington, DC: Island Press, 1998), and Shepard, *The Others: How Animals Made Us Human* (Washington, DC: Island Press, 1996); Michael S. Alvard, "Evolutionary Theory, Conservation, and Human Environmental Impact," in *Wilderness and Political Ecology: Aboriginal Influences and the Original State of Nature*, ed. Charles E. Kay and Randy T. Simmons (Salt Lake City: University of Utah Press, 2002); Edmund Russell, "Evolutionary History: Prospectus for a New Field," *Environmental History* 8 (2003): 204-228; Edmund Russell, "Introduc-

tion. The Garden in the Machine: Toward an Evolutionary History of Technology," in *Industrializing Organisms: Introducing Evolutionary History*, ed. Susan R. Schrepfer and Philip Scranton (New York: Routledge, 2004), 1-16; Douglas J. Kennett, *The Island Chumash: Behavioral Ecology of a Maritime Society* (Berkeley: University of California Press, 2005); David P. Mindell, *The Evolving World: Evolution in Everyday Life* (Cambridge, MA: Harvard University Press, 2006); Paul Ehrlich and Anne H. Ehrlich, *The Dominant Animal: Human Evolution and the Environment* (Washington, DC: Island Press, 2008); Franz J. Broswimmer, *Ecocide: A Short History of the Mass Extinction of Species* (London: Pluto Press, 2002); Raphael D. Sagarin and Terence Taylor, *Natural Security: A Darwinian Approach to a Dangerous World* (Berkeley: University of California Press, 2008).

研究记录上的两次引用来自阿纳托利·N. 亚姆索夫和萝拉·雷瓦尔。其他工作也用了进化这个术语，但如果它们所用的是其一般意义或者是非生物意义（例如土壤的进化），我便不把它们计算在内。也有可能我错误理解了工作的内容，导致算多或者算少了，但整体情况不会因少数作品是否算入而有所不同。Centre for History and Economics, King's College, Cambridge University, http://www.histecon.kings.cam.ac.uk/envdoc/.

2. Eric C. Stoykovich, "In the National Interest: Improving Domestic Animals and the Making of the United States, 1815-1870" (PhD dissertation, University of Virginia, 2009); Deborah Fitzgerald, *The Business of Breeding: Hybrid Corn in Illinois, 1890-1940* (Ithaca, NY: Cornell University Press, 1990); Deborah Fitzgerald, *Every Farm a Factory: The Industrial Ideal in American Agriculture* (New Haven, CT: Yale University Press, 2003); Joseph E. Taylor III, *Making Salmon: An Environmental History of the Northwest Fisheries Crisis* (Seattle: University of Washington Press, 1999); John H. Perkins, *Insects, Experts, and the Insecticide Crisis: The Quest for New Pest Management Strategies* (New York: Plenum Press, 1982); John H. Perkins, *Geopolitics and the*

Green Revolution: *Wheat*, *Genes*, *and the Cold War* (New York: Oxford University Press, 1997); Harriet Ritvo, *The Animal Estate*: *The English and Other Creatures in the Victorian Age* (Cambridge, MA: Harvard University Press, 1987); Edmund Russell, *War and Nature*: *Fighting Humans and Insects with Chemicals from World War I to Silent Spring* (New York: Cambridge University Press, 2001).

3. Donald Worster, "Historians and Nature," *American Scholar*, (Spring 2010) http://www.theamericanscholar.org/historians-and-nature/; John R. McNeill, *Something New under the Sun*: *An Environmental History of the Twentieth-century World* (New York: W. W. Norton, 2000), 192-227; Philip Pomper and David Gary Shaw, eds., *The Return of Science*: *Evolution*, *History*, *and Theory* (Lanham, MD: Rowman and Littlefield, 2002); Daniel Lord Smail, *On Deep History and the Brain* (Berkeley: University of California Press, 2008).

4. Diamond, *Guns*, *Germs*, *and Steel*: *The Fates of Human Societies* (New York: W. W. Norton, 1998); Nicholas Russell, *Like Engend'ring Like*: *Heredity and Animal Breeding in Early Modern England* (Cambridge: Cambridge University Press, 1986), 216-218; J. Holden, J. Peacock, and T. Williams, eds., *Genes*, *Crops*, *and the Environment* (New York: Cambridge University Press, 1993).

5. Eric R. Pianka, *Evolutionary Ecology*, 6th ed. (San Francisco: Addison Wesley Longman, 2000), xiv. 道格拉斯·菲秋马为人们所喜爱的 800 多页的进化生物学导论课本中甚少提及驯化，而且在其 41 页的文献目录中没有说到达尔文说到的动物和植物在驯化过程中的变异这一现象，唯一一条编入索引的有关培育的参考文献注重的是野生的近亲交配和远系繁殖。因其重要性，恩斯特·迈尔在他有关生物思维发展的 974 页作品的索引中两次简短地提到了驯化；"培育"没有在索引中出现。See Ernst Mayr, *The Growth of Biological Thought*: *Diversity*, *Evolution*, *and Inheritance* (Cambridge, MA: Belknap Press of Harvard University Press, 1982).（在他后来的一项工作中，迈尔认为，关于动物培育的研究对于达尔文的理论是关键的。

See *One Long Argument：Charles Darwin and the Genesis of Modern Evolutionary Thought*［*Cambridge，MA：Harvard University Press*，1991］，81-85.）这一模式并非创新。在他的《物种起源》一书中，达尔文责备他的同事们没有足够认真地对待驯化物种。Charles Darwin，*On the Origin of Species by Means of Natural Selection*；*or The Preservation of Favoured Races in the Struggle for Life*（London：Odhams Press，［1859］1872），31.

　　农学家撰写的书籍经常对进化一带而过。进化一词没有出现在 F. G. H. Lupton，ed.，*Wheat Breeding：Its Scientific Basis*（London：Chapman and Hall，1987）一书的索引中。在 Oliver Mayo，*The Theory of Plant Breeding*，2nd ed.（Oxford：Clarendon Press，1987）中，进化在文中出现了一次（175 页），是在说到依赖于"自然选择淘汰孱弱的个体"这一想法的"进化培育方法"时提到的。在 R. F. E. Axford，S. C. Bishop，F. W. Nicholas，and J. B. Owen，*Breeding for Disease Resistance in Farm Animals*，2nd ed.（New York：CABI，2000）中，进化出现在第一页（ix）中，但后来再未出现。在 Everett James Warwick and James Edwards Legates，*Breeding and Improvement of Farm Animals*，7th ed.（New Delhi：TATA McGraw-Hill，1979）中，进化出现在前言中（5—7 页），但没有在后面出现。在 Temple Grandin，ed.，*Genetics and the Behavior of Domestic Animals*（London：Academic Press，1998）一书中，进化出现了三次（21，146，204 页），但每次都暗示，一旦驯化成功，进化便终止了。与此不同的是，刘易斯·斯蒂文斯把家禽的进化分为三个阶段：鸡属的进化；从祖先鸡发展，出现了家禽；当前的品种与类型的发展。See Lewis Stevens，*Genetics and Evolution of the Domestic Fowl*（New York：Cambridge University Press，1991）.

6. Pianka，*Evolutionary Ecology*，xiv，10.

7. 环境史早期著作的标题描述了生态学的普遍影响：William Cronon，*Changes in the Land：Indians，Colonists，and the Ecology of New England*（New York：Hill and Wang，1983）；Donald Worster，*Nature's Economy：A History of Ecological Ideas*（New York：

Cambridge University Press, 1977); Carolyn Merchant, *The Death of Nature: Women*, *Ecology*, *and the Scientific Revolution* (San Francisco: Harper and Row, 1980), and Merchant, *Ecological Revolutions: Nature*, *Gender*, *and Science in New England* (Chapel Hill: University of North Carolina Press, 1989); Alfred Crosby, *Ecological Imperialism: The Biological Expansion of Europe*, *900-1900* (New York: Cambridge University Press, 1986); J. Donald Hughes, *Ecology in Ancient Civilizations* (Albuquerque: University of New Mexico Press, 1975); Lester J. Bilsky, ed., *Historical Ecology: Essays on Environment and Social Change* (Port Washington, NY: Kennikat Press, 1980); Arthur F. McEvoy, *The Fisherman's Problem: Ecology and Law in the California Fisheries*, *1850-1980* (New York: Cambridge University Press, 1986). 在她大受欢迎的教科书中，卡罗琳·莫产特指出，生态史和环境史经常被人们互相换用，她把后者归入前者。See Merchant, *Major Problems in Environmental History* (Lexington, MA: D. C. Heath, 1993), 1.

对环境史的建立有所贡献的公共卫生史并没有只聚焦在一个词的周围，但污染 这个词时常出现。See, e. g., Martin Melosi, ed., *Pollution and Reform in American Cities*, *1870-1930* (Austin: University of Texas Press, 1980). Joel Tarr's pioneering work first appeared largely in journals and is collected in his *The Search for the Ultimate Sink: Urban Pollution in Historical Perspective* (Akron, OH: University of Akron Press, 1996).

8. 2010 年 4 月谢丽尔·欧克斯为我做了关键词检索：在标题和未索引领域（包括摘要）中检索了 ecolog（ecology 及其变体）和 health，我对此深表感谢（见欧克斯于 2010 年 4 月 13 日给罗的个人通信）。2001 年 3 月 28 日，在北卡罗来纳州达拉谟举行的史学会全体会议上，多纳尔德·沃斯特呼吁环境史继续与环境论靠近。

9. E. B. Ford, *Ecological Genetics* (London: Methuen, 1964), and Pianka, *Evolutionary Ecology* (New York: Harper and Row, 1974). 以上两本书都曾出过多个版本。

10. 对于分析这些问题有用的生态学观点包括物种间连通性（常指生态系统概念）、

通过物种多样性产生的稳定性、增长的极限（承载能力）、栖息地变迁、种群动力学和绝种。环境史学家经常吸收强调这些问题的生态学家的想法，例如 Howard Odum, *Environment*, *Power*, *and Society*（New York：Wiley-Interscience, 1971），and Odum, *Systems Ecology*：*An Introduction*（New York：John Wiley, 1983）；Eugene P. Odum and Howard Odum, *Fundamentals of Ecology*, 2nd ed. （Philadelphia：Saunders, 1959）；Robert H. MacArthur, *Geographical Ecology*：*Patterns in the Distribution of Species*（New York：Harper and Row, 1972）；Robert H. MacArthur and Joseph H. Connell, *The Biology of Populations*（New York：John Wiley, 1966）；Charles S. Elton, *The Ecology of Invasions by Animals and Plants*（London：Methuen, 1958）；Robert E. Ricklefs, *Ecology*（London：Nelson, 1973），and Elton, *The Economy of Nature*：*A Textbook in Basic Ecology*, 4th ed. （New York：W. H. Freeman, 1996）；Paul R. Ehrlich, Anne H. Ehrlich, and John P. Holdren, *Ecoscience*：*Population*, *Resources*, *Environment*（San Francisco：W. H. Freeman, 1977），and Ehrlich et al. , *Human Ecology*：*Problems and Solutions*（San Francisco：W. H. Freeman, 1973）.

11. 有关社会生物学，see Edward O. Wilson, *Sociobiology*：*The New Synthesis*（Cambridge, MA：Belknap Press of Harvard University Press, 1975），and Wilson, *Consilience*：*The Unity of Knowledge*（London：Little, Brown, 1998）；David P. Barash, *Sociobiology and Behavior*, 2nd ed. （New York：Elsevier, 1982）；Richard Dawkins, *The Selfish Gene*（New York：Oxford University Press, 1976）；Peter Koslowski, ed. , *Sociobiology and Bioeconomics*：*The Theory of Evolution in Biological and Economic Theory*（New York：Springer, 1999）；Michael S. Gregory, Anita Silvers, and Diane Sutch, eds. , *Sociobiology and Human Nature*：*An Interdisciplinary Critique and Defense*（San Francisco：Jossey-Bass, 1978）；Georg Breur, *Sociobiology and the Human Dimension*（New York：Cambridge University Press, 1982）；Alexander Rosenberg, *Sociobiology and the Preemption of Social Science*（Baltimore：Johns Hopkins *and the Social Sciences*（Lubbock：Texas Tech University Press, 1989）；Arthur L. Caplan, ed. ,

The Sociobiology Debate: *Readings on Ethical* University Press, 1980）; Robert W. Bell and Nancy J. Bell, *Sociobiology and Scientific Issues*（New York: Harper and Row, 1978）; Ashley Montagu, ed. , *Sociobology Examined*（New York: Oxford University Press, 1980）; Michael Ruse, *Sociobiology*: *Sense or Nonsense?*（Boston: D. Reidel, 1984）; Matt Ridley, *The Red Queen*: *Sex and the Evolution of Human Nature*（New York: Viking, 1993）.

一些哲学家把进化当成一种产生新问题的源泉或者是在他们所在领域中的一种手段。例如，进化伦理学家们把查尔斯·达尔文的《物种起源》（1859）和爱德华·O. 威尔逊的《社会生物学》（1975）视为对他们的挑战，挑战他们能否在遗传进化的基础上发展一门伦理学。See Paul Thompson, ed. , *Issues in Evolutionary Ethics*（Albany: State University of New York Press, 1995）, back cover; Emmanuel K. Twesigye, *Religion and Ethics for a New Age*: *Evolutionist Approach*（Lanham, MD: University Press of America, 2001）. 有关进化在哲学上的观点，see Michael Ruse, *The Darwinian Paradigm*: *Essays on Its History*, *Philosophy*, *and Religious Implications*（New York: Routledge, 1993）; Daniel C. Dennett, *Freedom Evolves*（New York: Viking, 2003）, and Ruse, *Darwin's Dangerous Idea*: *Evolution and the Meanings of Life*（New York: Simon and Schuster, 1995）.

有关进化心理学，see Henry Plotkin, *Evolution in Mind*: *An Introduction to Evolutionary Psychology*（London: Penguin, 1997）; Susan Blackmore, *The Meme Machine*（New York: Oxford University Press, 1999）; Charles Crawford and Dennis L. Krebs, eds. , *Handbook of Evolutionary Psychology*: *Ideas*, *Issues*, *and Applications*（Mahwah, NJ: Lawrence Erlbaum Associates, 1998）; Louise Barrett, Robin Dunbar, and John Lycett, *Human Evolutionary Psychology*（Princeton, NJ: Princeton University Press, 2002）; Steven Pinker, *The Blank Slate*: *The Modern Denial of Human Nature*（New York: Viking, 2002）, and Pinker, *How the Mind Works*（New York: W. W. Norton, 1997）; David F. Bjorklund and Anthony D. Pellegrini, *The Origins of Human Nature*:

Evolutionary Developmental Psychology (Washington, DC: American Psychological Association, 2002) ; Alan Clamp, *Evolutionary Psychology* (London: Hodder and Stoughton, 2001) ; David M. Buss, *Evolutionary Psychology: The New Science of the Mind* (Boston: Allyn and Bacon, 1999) ; Robert Wright, *The Moral Animal: Evolutionary Psychology and Everyday Life* (New York: Pantheon Books, 1994) ; Jerome H. Barkow, Leda Cosmides, and John Tooby, eds. , *The Adapted Mind: Evolutionary Psychology and the Generation of Culture* (New York: Oxford University Press, 1992) . 关于反对进化心理学的情况, see Hilary Rose and Steven Rose, eds. , *Alas, Poor Darwin: Arguments against Evolutionary Psychology* (London: Jonathan Cape, 2000) .

关于科学与技术的社会研究, see Joseph E. Taylor III, *Making Salmon: An Environmental History of the Northwest Fisheries Crisis* (Seattle: University of Washington Press, 1999), 10; Steve W. Fuller, *Philosophy, Rhetoric, and the End of Knowledge: The Coming of Science and Technology Studies* (Madison: University of Wisconsin Press, 1993) ; Bruno Latour, *Science in Action: How to Follow Scientists and Engineers through Society* (Cambridge, MA: Harvard University Press, 1987) ; *Bruno Latour and Steve Woolgar, Laboratory Life: The Social Construction of Scientific Facts* (Beverly Hills, CA: Sage, 1979) ; *Sheila Jasanoff, Gerald E. Markle, James C. Petersen, and Trevor Pinch, eds. , Handbook of Science and Technology Studies* (Thousand Oaks, CA: Sage, 1995) ; *Ruth Schwartz Cowan, More Work for Mother: The Ironies of Household Technology from the Open Hearth to the Microwave* (New York: Basic Books, 1983) ; *Claude S. Fischer, America Calling: A Social History of the Telephone to* 1940 (Berkeley: University of California Press, 1992) ; *Donna Haraway, Simians, Cyborgs, and Women: The Reinvention of Nature* (New York: Routledge, 1991) ; *Thomas Parke Hughes, Networks of Power: Electrification in Western Society, 1880-1930* (Baltimore: Johns Hopkins University Press, 1983) ; *Donald A. Mackenzie, Inventing Accuracy: An Historical Sociology of Nuclear Missile Guidance* (Cambridge, MA: MIT

Press, 1990); *Ruth Oldenziel, Making Technology Masculine: Men, Women, and Modern Machines in America, 1870-1945* (Amsterdam, Netherlands: Amsterdam University Press, 1999); *Londa Schiebinger, Nature's Body: Gender in the Making of Modern Science* (Boston: Beacon Press, 1993); *Wiebe E. Bijker, Thomas P. Hughes, and Trevor J. Pinch, eds., The Social Construction of Technological Systems: New Directions in the Sociology and History of Technology* (Cambridge, MA: MIT Press, 1987).

有关激烈批评科学与技术的观点, see Theodor W. Adorno and Max Horkheimer, *Dialectic of Enlightenment* (1944; repr. London: Verso, 1997), 4, 6; Jacques Ellul, *The Technological Society* (1964; repr. New York: Knopf, 1973); David F. Noble, *America by Design: Science, Technology, and the Rise of Corporate Capitalism* (New York: Knopf, 1977); Langdon Winner, *The Whale and the Reactor: A Search for Limits in an Age of High Technology* (Chicago: University of Chicago Press, 1986).

有关生物决定论, see Virginia Scharff, "Man and Nature! Sex Secrets of Environmental History," in Herron and Kirk, *Human/Nature*, 31-48, and Vera Norwood, "Constructing Gender in Nature: Bird Society through the Eyes of John Burroughs and Florence Merriam Bailey," ibid., 49-62; Daniel J. Kevles, *In the Name of Eugenics: Genetics and the Uses of Human Heredity* (New York: Knopf, 1985); Nicholas W. Gillham, *A Life of Sir Francis Galton: From African Exploration to the Birth of Eugenics* (New York: Oxford University Press, 2001); Carl N. Degler, *In Search of Human Nature: The Decline and Revival of Darwinism in American Social Thought* (New York: Oxford University Press, 1991); Alexander Rosenberg, *Darwinism in Philosophy, Social Science, and Policy* (New York: Cambridge University Press, 2000); Ronald L. Numbers and John Stenhouse, eds., *Disseminating Darwinism: The Role of Place, Race, Religion, and Gender* (New York: Cambridge University Press, 1999); Mike Hawkins, *Social Darwinism in European and American Thought, 1860-1945: Nature as Model and Nature as Threat* (New York: Cambridge University Press, 1997).

12. Stephen Jay Gould, *The Mismeasure of Man* (New York: W. W. Norton, 1996); Richard C. Lewontin, *The Triple Helix: Gene, Organism, and Environment* (Cambridge, MA: Harvard University Press, 2000); Richard C. Lewontin, Steven Rose, and Leon J. Kamin, *Not in Our Genes: Biology, Ideology, and Human Nature* (New York: Pantheon Books, 1984); Luigi Luca Cavalli-Sforza, *Genes, Peoples, and Languages* (Berkeley: University of California Press, 2000); Lynn Margulis, *The Symbiotic Planet: A New Look at Evolution* (London: Weidenfeld and Nicolson, 1998), 3; Paul Ehrlich, *Human Natures: Genes, Cultures, and the Human Prospect* (Washington, DC: Island Press, 2000).

13. Douglas J. Futuyma, *Evolutionary Biology*, 3rd ed. (Sunderland, MA: Sinauer Associates, 1998), 5-6 (强调初始状况).

14. George C. Williams and R. M. Nesse, "The Dawn of Darwinian Medicine," *Quarterly Review of Biology* 66 (1991): 16-18. See also Paul W. Ewald, *Evolution of Infectious Disease* (New York: Oxford University Press, 1994); Randolph M. Nesse and George C. Williams, *Why We Get Sick: The New Science of Darwinian Medicine* (New York: Times Books, 1994). For a wider view, see J. J. Bull and H. A. Wichman, "Applied Evolution," *Annual Review of Ecology and Systematics* 32 (2001): 183-217. On HIV evolution, see Scott Freeman and Jon C. Herron, *Evolutionary Analysis* (Englewood Cliffs, NJ: Prentice Hall, 1998); K. A. Crandall, ed., *HIV Evolution* (Baltimore: Johns Hopkins University Press, 1999).

15. 有关进化经济学, see John Laurent and John Nightingale, *Darwinism and Evolutionary Economics* (Cheltenham, UK: Edward Elgar, 2001); Richard R. Nelson and Sidney G. Winter, *An Evolutionary Theory of Economic Change* (Cambridge, MA: Belknap Press of Harvard University Press, 1982); Jack J. Vromen, *Economic Evolution: An Enquiry into the Foundations of New Institutional Economics* (London: Routledge, 1995). 有关进化经济学在环境上的应用, see John M. Gowdy, *Coevolu-*

tionary Economics: *The Economy, Society, and the Environment* (Boston: Kluwer, 1994).

有关文化的进化方法, see William H. Durham, *Coevolution: Genes, Culture, and Human Diversity* (Palo Alto, CA: Stanford University Press, 1991); Richard Dawkins, *The Selfish Gene* (New York: Oxford University Press, 1976); Luca Cavalli-Sforza and M. W. Feldman, *Cultural Transmission and Evolution: A Quantitative Approach* (Princeton, NJ: Princeton University Press, 1981); Robert Boyd and Peter J. Richerson, *Culture and the Evolutionary Process* (Chicago: University of Chicago Press, 1985); Charles J. Lumsden and Edward O. Wilson, *Genes, Mind, and Culture* (Cambridge, MA: Harvard University Press, 1981). 有关在社会科学中发展进化论的共同文献的努力, see Johann Peter Murmann, "Evolutionary Theory in the Social Sciences," http: //www. etss. net/.

有些历史学家对观念史应用了选择主义模型, See Walter Vincenti, *What Engineers Know and How They Know It* (Baltimore: Johns Hopkins University Press, 1990); Robert J. Richards, *Darwin and the Emergence of Evolutionary Theories of Mind and Behavior* (Chicago: University of Chicago Press, 1987).

达尔文的自然选择进化论启示了三种计算机编程方法, 现在人们以"进化方法"将这些方法编为一组, See David E. Clark, ed. , *Evolutionary Algorithms in Molecular Design* (New York: Wiley-VCH, 2000); Thomas Back, *Evolutionary Algorithms in Theory and Practice: Evolutionary Strategies, Evolutionary Programming, Genetic Algorithms* (New York: Oxford University Press, 1996); Mukesh Patel, Vasant Honavar, and Karthik Balakrishnan, *Advances in the Evolutionary Synthesis of Intelligent Agents* (Cambridge, MA: MIT Press, 2001).

16. 国会图书馆的主题标目包括进化计算、进化经济学和进化编程。进化伦理学的标目是"伦理学, 进化的"; 进化心理学出现在"遗传心理学"标目之下。

第十二章　结论

1. Jared M. Diamond, Guns, *Germs, and Steel*：*The Fates of Human Societies*（New York：W. W. Norton, 1999）.

索　引

(数字为原版书页码，本书中为边码)

Acclimatizing 适应环境 171 *See also* adaptation　参见适应

adaptability of populations and species　种群与物种的适应性 32，39—41，52

adaptation 适应 76—77，162，164，171

　　See also eradication，selection（*all types*），hunting，fishing，resistance　参见灭绝，选择（所有种类），狩猎，捕鱼，抵抗力

advertising as evolutionary force　作为进化推动力的广告 34，158

agriculture　农业 49，53—56，66，136—137，156

　　See also agricultural species by common names，methodical selection，unconscious selection，domestication 参见农作物的俗名，系统选择，无意识选择，驯化

alleles. *See* genetics 等位基因，见遗传学

Amerindians and Industrial Revolution　美洲印第安人和工业革命 104—105，108，110—111，127，152

anthropocene 人类世 49

anthropogenic　人为的 171

antibiotics. *See* resistance 抗生素，见抵抗力

Arkwright，Richard　理查德·阿克莱特 105，114—115

art as evolutionary force　作为进化推动力的艺术 153—154

artificial selection. *See* selection，artificial　人工选择 见选择，人工

Ashton, T. S.　T. S. 阿什顿 110

bacillus thuringiensis. see cotton, genetic engineering　苏云金杆菌 见棉花，遗传工程

bacteria　细菌 43—45　*See also* resistance　参见抵抗力

Baines, Edward　爱德华·贝恩斯　110—111

Bayer　拜耳 79—80

beaver. *See* Yellowstone National Park　海狸 见黄石国家公园

beefalo　皮弗洛牛 78

behavior. *See* culture, coevolution　行为 见文化，共进化

Belyaev, Dmitri　德米特里·别里亚耶夫 61—64

bighorn sheep. *See* sheep, bighorn　大角羊 见羊，大角

biological　生物的 171

biology, evolutionary　生物学，进化 153—165

　　See also aspects of evolution such as selection, inheritance, populations, sampling effects 参见进化的其他方面诸如选择，遗传，种群，抽样效应等

biotechnologies　生物技术 133—134，152，171

　　as factories　作为工厂 136—137;

　　as products 作为产品　138—139;

　　as technological innovation　作为技术创新 139—142;

　　as workers　作为工人　137—138

Biotechnology Industry Organization　生物技术工业组织　134

bison. *See* hunting　北美野牛 见狩猎

bollworm　棉红铃虫　81—82

Bosch, Karl　卡尔·博施　136

Boyd, William 威廉姆·博伊德 140

breed　种类 171 *See also* varieties 参见变种

breeding 培育 171 *See also* selection, methodical 参见选择，系统的

Brinkhous, Kenneth 肯尼斯·布林克豪斯 137

Budiansky, Stephen 斯蒂凡·布蒂安斯基 69

capitalism as evolutionary force 作为进化推动力的资本主义 75

 See also advertising, corporations, industry, Industrial Revolution 参见广告，公司，工业，工业革命

Caribbean 加勒比地区 109, 111—115

Cartwright, Edmund 埃德蒙德·卡特赖特 105

cattle 家牛 138—139

causation 因果关系 100

Cavalli-Sforza, Luca 卢卡·卡瓦里–斯佛尔扎 89, 148

chance 偶然性 15, 172

chicken 鸡 139

class as evolutionary force 作为进化推动力的阶级 75

climate 气候，49—52

cloning 克隆，82—83, 165, 172

coal. *See* industry 煤 见工业

coca. *See* resistance 古柯 见抵抗力

cod 鳕鱼 27—28, 97

coevolution 共进化 172

 behavior and multiple traits 行为和多种特性 94—95

 concept 概念 85;

 culture and genes 文化和基因 95—102;

 domestication 驯化 69—70;

 insects and insecticides 昆虫和杀虫剂 xviii;

　　　　lactose tolerance and dairying　乳糖耐受性和乳业 91—94；

　　　　plants and human skin color　植物和人的肤色 3；

　　　　skin color and domestic plants and animals　肤色与家养动植物　89—90；

　　　　Red Queen hypothesis　红皇后假定　141

Columbus, Christopher　克里斯多夫·哥伦布 111, 113

contingency　偶然性 149

convenience as evolutionary force　作为进化动力的方便 160

Coppinger, Raymond　雷蒙德·科平杰 69

corporations as evolutionary forces　作为进化推动力的公司　39

cotton　棉花

　　　　anthropogenic evolution　人为进化 108—109；

　　　　carding　梳理　117；

　　　　data on length and strength　长度与强度的数据　113；

　　　　domestication　驯化 66—68, 108—109；

　　　　Egypt　埃及 119；

　　　　English imports　英格兰进口　114—116；

　　　　genetic engineering　遗传工程　78—82；

　　　　genetics　遗传学 104, 121—124；

　　　　herbicide resistance　对除草剂的抵抗力 79—80；

　　　　hybridizing　杂交 76；

　　　　importance of New World fiber for machines　新大陆纤维对机械的重要性　104,
111—121, 152；

　　　　India　印度 119—121, 124—127；

　　　　insect resistance to genetically engineered varieties　昆虫对遗传工程改造过的品种
的抵抗力 81—82；

　　　　Industrial Revolution, overview　纵观工业革命 103—105；

New World and Old World species   新大陆物种与旧世界物种 104, 108—109,
    111—128;

    pest control   虫害控制 78—79;

    prices   价格 117—119;

    species and varieties   物种与品种   71—74, 78

    spinning and weaving   纺纱与织布 104, 107—110, 116;

    transportation of varieties   品种转运   76—77;

    United States 美国   106—107, 109, 111, 119

cotton gin. *See* Whitney, Eli   轧棉机   见伊莱·惠特尼

cottonwood. *See* Yellowstone National Park   三角叶杨 见黄石国家公园

Crompton, Samuel   塞缪尔·克朗普顿 105, 114—115

culling   选取, 73—74, 77, 163, 172   *See also* selection, unconscious   参见选择,
    无意识

cultivar   栽培品种   172   *See also* varieties   参见品种

culture   文化 95—102, 172   *See also* coevolution   参见共进化

Darwin, Charles   查尔斯·达尔文   xvii, 6, 10—11, 14—16, 172

Dawkins, Richard   理查德·道金斯 96

DDT. *See* resistance DDT   见抵抗力

determinism, technological   决定论, 技术 139—140

    biological   生物   140, 148;

    genetic   遗传 173

Diamond, Jared   杰瑞德·戴阿蒙德 146, 161

disease. *See* resistance   疾病   见抵抗力

DNA. *See* genetics DNA 见遗传学

dogs 狗, 54, 58, 63, 65, 75, 137—138

domestic plants and animals 驯化植物与动物

　　See domestication, *species by common names*, varieties　见驯化，物种的俗名，品种

domestication　驯化 3，16，69—70，173

　　importance for human history　对于人类历史的重要性 54—56，162；

　　animals　动物，56，61—66；

　　plants　植物 56，66—69；

　　hypotheses　假说 57—60

　　　　See also coevolution; cotton; selection, methodical; selection, unconscious　参见共进化；棉花；选择，系统；选择，无意识

drift, genetic 漂变，遗传 173　*See also* sampling　effects　参见抽样效应

ecology. *See* environments　生态学 见环境

economics　经济学 48 *See also* industry　参见工业，公司，工业革命，棉花

economics, evolutionary　经济学，进化 150

Egypt　埃及 76—77

Ehrlich, Paul　保罗·厄里奇 148

elephants. *See* hunting　大象 见狩猎

elk. *See* Yellowstone National Park　麋鹿　见黄石国家公园

energy. *See* technology, industry　能源　见技术，工业

engineering, genetic　工程，遗传 78—83，133—134，160，165，173

England　英格兰 103—105，110　*See also* Industrial Revolution, cotton　参见工业革命，棉花

environment　环境 40—42，173

　　human impact　人类的影响　2，49

　　　　See also bacteria, climate, moths, predation, Yellowstone National Park　参见

细菌，气候，蛾，捕食，黄石国家公园

Envirotech   环境技术   133

epigenetics   实验胚胎学，12 173

eradication defined   灭绝的定义 31

evolution   进化 6，172—173

  anthropogenic   人为 14，55—56，107，151；

  cultural   文化 172，

  Darwinian   达尔文 172 *See also human activities that affect* evolution（e. g.，hunting，fishing，eradication，domestication），*evolutionary processes that people affect*（e. g.，selection，sampling effects，mutagenesis），*and consequences*（e. g.，Industrial Revolution）   参见影响进化的人类活动（例如狩猎、捕鱼、灭绝，驯化），人类影响了的进化过程（如选择、抽样效应、基因突变）和后果（如工业革命）

evolution rates. *See* adaptability   进化速率   见适应性

extinction   灭绝 15，23—24，49，52，76，83—84，165，173

farming. *See* agriculture   耕种   见农业

fashion as evolutionary force   作为进化推动力的时尚 155

Finlay, Mark   马克·芬利   138

fish. *See* fishing *and common names of species* 鱼   见捕鱼和物种的俗名

fishing   捕鱼 25—29，49，156

  size selection   尺寸选择   26—29，97，162 *See also common names of species*   参见物种的俗名

Fitzgerald, Deborah   黛博拉·菲兹杰拉德   74，140，146

Fitzgerald, Gerard   杰拉德·菲兹杰拉德   139

flies, fruit   蝇，果 51

flies, screwworm　蝇，螺旋 83

fly shuttle. *See* Kay, John　滑轮梭子　见约翰·凯

fruit flies. *See* flies, fruit　果蝇，见蝇，果

Fu-Tuan, Yi　段义孚 69

fustian　棉麻混纺粗布 114

Futuyma, Douglas　道格拉斯·菲秋马 149

Galapagos Islands　加拉巴哥群岛，8

genes　基因 173　*See also* genetics, epigenetics　参见遗传学，实验胚胎学

genetic engineering. *See* engineering, genetic　遗传工程　见工程，遗传

genetics　遗传学 11—12，25 *See also* engineering, genetic；inheritance；mutation；re-
combination；hybridizing；sampling effects；variation　参见工程，遗传；遗传；基
因突变；重组；杂交；抽样效应；变异

geopolitics as evolutionary force　作为进化推动力的地缘政治 75　*See also* states　参
见国家

germs. *See* resistance　细菌　见抵抗力

Gould, Stephen Jay 斯蒂凡·杰·古尔德，148

government. *See* states　政府 见国家

Grant, Peter and Rosemary 彼得·格兰特和罗斯玛丽·格兰特　8

Haber, Fritz　弗里兹·哈伯　136

habitat. *See* environments　栖息地　见环境

Hargreaves, James　詹姆斯·哈格里夫斯 105，115—116

Harley, C. Knick　C. 尼克·哈雷　106

Hartwell, R. M.　R. M. 哈特维尔 106

herbicides. *See* resistance, cotton　除草剂　见抵抗力，棉花

heritability　遗传力 173

history of art　艺术史，153—160

history of medicine　医药史　153—165

history of science　科学史　153—165

history of technology　技术史　132，152—165　*See also* biotechnologies，industry，Industrial Revolution，innovation　参见生物技术，工业，工业革命，创新

history，diplomatic　外交史　153—165

history，economic　经济史　153—165

history，environmental　环境史

　　use of ecology and public health　生态和公共卫生的使用　147—148

　　use of evolution　进化的使用　152—165

　　use of evolutionary biology　进化生物学的使用　145—146

history，evolutionary，defined　进化史定义 4—5，173

history，political　政治史　153—160　*See also* states　参见国家

history，social　社会史　153—165

Hobsbawm，Eric　埃里克·霍布斯鲍姆　106

Hornborg，Alf　阿尔夫·霍恩伯格　106，111

Horowitz，Roger　罗杰·霍罗维茨　139

hunting　狩猎　4，156

　　bighorn sheep　大角羊 19—21；

　　bison　北美野牛 21—25；

　　elephants　大象　17—19，25，153；

　　size selection　尺寸选择 20

hunting and gathering　狩猎与采集　55，58—60，65，89

hybridizing　杂交 74—76，164，174

imperialism as evolutionary force　作为进化推动力的帝国主义 160

inbreeding　近亲繁殖 82，165，174 *See also* selection，methodical 参见选择，系统

Indians（Americas）．*See* Amerindians　印第安人（美洲）见美洲印第安人

Indians（Asia）　印度人（亚洲）104，111，116，119，124—127

Industrial Revolution　工业革命，3，47

　　anthropogenic evolution as catalyst　作为催化剂的人为进化 104—105，108—111；

　　dependence on nature　对自然的依赖性　130—131；

　　England　英格兰　103—105；

　　inventors and inventions　发明家与发明　105—106；

　　reliance on New World　对新大陆的依赖性　111—121；

　　role of genomic differences in cotton　棉花基因组不同的作用　122—128；

　　role of slave trade　奴隶贸易的作用　128—130；

　　schools of historians　历史学家学派　105—107；

　　summary of contrasts between current literature and arguments in this book　本书中
　　　　当今文献和争论的不同点汇总，130，151—152 *See also* cotton *and inventors*
　　　　by last name　参见棉花及按姓氏给出的发明家名单

industry　工业　47—48 *See also* cotton，Monsanto，Bayer 参见棉花，孟三都公司，拜
　　耳

inheritance　遗传　8，10—12，40，82—83，95，174

innovation　创新　139—142 *See also* Industrial Revolution　参见工业革命

insecticides．*See* resistance；cotton　杀虫剂　见抵抗力，棉花

insects．*See* resistance；cotton　昆虫　见抵抗力，棉花

insurgency as evolutionary force　作为进化推动力的叛乱 157

intentionality，of people when shaping evolution　当塑造进化时人们的意向性　57—
　　59，67，71，109．

　　See also culling；extinction；selection，artificial；selection，methodical；selection，
　　unconscious　参见选取；灭绝；选择，人工；选择，系统；选择，无意识

inventions. *See* Industrial Revolution   发明 见工业革命

inventors. *See* Industrial Revolution, *inventors by last name*   发明家 见工业革命，按姓
    氏给出的发明家名单

Israel, Paul   保罗·伊斯雷尔 134

ivory. *See* hunting   象牙 见狩猎

Kay, John   约翰·凯 105, 115

Kloppenburg, Jack   杰克·克罗彭伯格 75, 140

lactase persistence. *See* lactose tolerance   乳糖分解酵素存留 见乳糖耐受性

lactose tolerance   乳糖耐受性, 91—94

Lamarckian evolution   拉马克进化 11, 173

Lancashire   兰开夏郡 104—105, 114—115

Landes, David   大卫·兰德斯 108, 111

Laughlin, Jimmy   吉米·劳克林   137

Lewontin, Richard   理查德·列文丁 148

Line（plant or animal）   品系（植物或动物）174 *See also* varieties   参见品种

lines. *See* varieties   品系 见品种

Liverpool   利物浦 114, 129

malaria. *See* resistance   疟疾 见抵抗力

Mann, Julia de Lacy   朱丽亚·德雷西·曼   128

Mantoux, Paul   保罗·芒图   106

Marx, Karl   卡尔·马克思   106

Marx, Leo   利奥·马克斯   135

master breeder hypothesis or narrative   培育大师假说或陈述   57, 174

mating, selective. *See* selection, methodical 交配，选择 见选择，系统

McCloskey, Donald　多纳尔德·麦克洛斯基 106

McNeill, John　约翰·麦克尼尔　107，146

medicine, evolutionary　医药，进化 149—150

　　as evolutionary force　作为进化推动力 156

Mehta, Makrand　马克兰德·梅卡　107

meme　文化基因　96，174

methodical selection. *See* selection, methodical　系统选择 见选择，系统

Mexico　墨西哥 109

Mokyr, Joel　乔尔·莫克　105—108，111，114

Monsanto 孟三都　79—82

Mosley, Stephen　斯蒂凡·莫斯雷 107

mosquitoes　蚊子 51 *See also* resistance 参见抵抗力

moths, peppered　胡椒蛾　45—49

　　diamondback　小菜飞蛾 81

mule（spinning machine）. *See* Crompton, Samuel　走锭纺纱机　见塞缪尔·克朗普顿

music as evolutionary force　作为进化推动力的音乐 155

mustard. *See* climate　芥末 见气候

mutation　基因突变 12，77—78

　　mutagenesis　突变形成 83，164

Native Americans. *See* Amerindians　美洲原住民 见美洲印第安人

natural selection. *See* selection, natural　自然选择 见自然选择

O'Brien, Patrick　帕特里克·奥布莱恩 107，111

obesity 肥胖，43—45

Olmstead, Alan 阿伦·奥姆斯戴德 107，110，141，147

organisms as technology 生物体，作为技术 135—136 *See also* biotechnologies 参见生
　　物技术

passenger pigeon. *See* pigeon, passenger 候鸽 见鸽，候

pathogens. *See* resistance 病原体 见抵抗力

Paul, Lewis 路易斯·保罗 105，115

Pemberton, Stephen 斯蒂凡·彭伯顿 137

peppered moths. *See* moths, peppered 胡椒蛾 见蛾，胡椒

Perkin, Harold 哈罗德·帕金 107，130—131

Perkins, John 约翰·帕金斯 69，75，140，146

pesticides. *See* resistance; cotton 杀虫剂 见抵抗力，棉花

Pianka, Eric 埃里克·皮安卡 147

pigeon, passenger 候鸽 52

pigs 猪 136，138

Polanyi, Karl 卡尔·波兰尼 106

policy. *See* states as evolutionary forces 政策 见作为进化推动力的国家

Pollan, Michael 迈克尔·珀兰 69

pollution. *See* industry 污染 见工业

Pomeranz, Kenneth 肯尼斯·波梅兰兹 106，111

Pomper, Philip 菲利普·庞珀 146

populations 种群 8，10，12，15，40，174 *See also names of species* 参见物种名称

poverty as evolutionary force 作为进化推动力的贫穷 155

predation 捕食 46，49—50

preserves, nature 自然保护 52

profit seeking as evolutionary force　作为进化推动力的追求利润 157

psychology, evolutionary　进化心理学　150

Radkau, Joachim　亚克西姆·拉德考　107

railroad. *See* technology　铁路 见技术

rainforests　雨林　53

recombination　重组 78, 174

recreation as evolutionary force　作为进化推动力的休闲　154

Red Queen hypotheses. *See* coevolution reproduction　红皇后假说　见共进化

reproduction　生殖 8, 11, 27, 40—41, 174

resistance　抵抗力 174

　　insects to insecticides　昆虫对杀虫剂的 xvii-xviii;

　　malaria to drugs and mosquitoes to insecticides　疟疾对药物和蚊子对杀虫剂的 35—36, 100;

　　species resistant to pesticides 对杀虫剂有抵抗力的物种数目 38;

　　pathogens to antibiotics　病原体对抗生素的 1—2, 10—11, 32—36, 35—36, 97—101;

　　plants to herbicides　植物对除草剂的　36—38 *See also* cotton　参见棉花

Rhode, Paul　保罗·罗德　107, 110, 141, 147

rickets　佝偻病 88

rifle. *See* technology　步枪 见技术

Ritvo, Harriet　哈利耶特·里特沃 75, 140, 146

Rostow, Walter　瓦尔特·罗斯托　106

Russell, Nicholas　尼古拉斯·罗素 146—147

salmon. *See* fishing　鲑鱼　见捕鱼

sampling effects　抽样效应 15—16，175

　　founder effect　奠基者效应 24—25；

　　genetic drift　遗传漂变 25；

　　inbreeding　近亲繁殖 82

Schrepfer, Susan　苏珊·施勒芬　107，134

science as evolutionary force　作为进化推动力的科学 160

Scranton, Philip　菲利普·斯克兰顿 107，134

selection, artificial　人工选择 12—14，171

selection, general　一般选择 175

selection, methodical　系统选择 10，14，55，74—75，82，108，139—142，146—147，163，174—175

selection, natural　自然选择 xvii，10，12，14—15

selection, sexual　性选择 10，23，175

selection, size. *See* fishing, hunting　尺寸选择　见捕鱼，狩猎

selection, unconscious　无意识选择　10，14，17—18，55，58，60，66—70，108，175。

　　See also domestication, eradication, fishing, hunting, resistance　参见驯化，灭绝，捕鱼，狩猎，抵抗力

selective mating. *See* selection, methodical　选择交配 见系统选择

sexual selection. *See* selection, sexual　性选择 见选择，性

Shaw, David Gary 大卫·加里·肖　146

sheep, bighorn. *See* hunting　大角羊　见狩猎

silverside（fish）　银汉鱼 27—29

Simmons, I. G.　I. G. Simmons, I. G.　107

skin color　肤色，85—91

slave trade　贩奴（奴隶贸易）104—105，128—130

Smail, Daniel Lord　丹尼尔·罗德·斯梅尔 146

smallpox　天花 84

Smith, Charles K.　查尔斯·K. 史密斯 69

soap. *See* resistance　肥皂 见抵抗力

sociobiology　社会生物学 150

speciation　物种形成 6，22，175

species　物种 15，43

spinning jenny. *See* Hargreaves, James　多轴纺纱机 见詹姆斯·哈格里夫斯

spinning. *See* cotton　纺纱 见棉花

squirrels　松鼠 52

staphylococcus　葡萄球菌 97—99

states as evolutionary forces　作为进化推动力的国家 18—20，28，36—39，44—45，
　　48—49，76—77，153—160

Steinberg, Theodore　西奥多·斯坦恩伯格 107

sterility　不育 83，175

Stoykovich, Eric　埃里克·斯托伊可夫维奇 146

strain　菌株 175 *See also* varieties 参见品种

Strutt family　斯特拉特家族 117

suburbs　城郊 45

susceptibility　敏感性 175 *See also* resistance　参见抵抗力

synthesis, modern, of evolutionary biology and genetics　合成，现代，进化生物学和遗
　　传学的 11—12

synthesis, neo-Darwinian. *See* synthesis, modern　合成，新达尔文。见合成，现代

Taylor, Joseph　约瑟夫·泰勒 146

technology as evolutionary force　技术作为进化的推动力

concept of 概念 135；

energy　能源 48；

insect control 昆虫控制 39；

railroad　铁路 24；

rifle　步枪 24；

role of nature　自然的作用 135

textiles. *See* cotton　纺织品 见棉花

Thompson，E. P.　E. P. 汤普森 106

Thorsheim，Peter　彼得·索谢姆 107

Toynbee，Arnold　阿诺尔德·汤因比　106

trade as evolutionary force　贸易作为进化的推动力　155—156

traits　特性 175

cultural　文化　172；

genetic　遗传 173　*See also* evolution *and* selection（all types）　参见进化和选择
（所有类型）

transportation to increase variation　转运增加变异 76

triclosan. *See* resistance　三氯生 见抵抗力

tularemia　兔热病 139

tusklessness. *See* hunting，elephants　无牙状况 见狩猎，大象

unconscious selection. *See* selection，unconscious　无意识选择　见选择，无意识

United States government. *See* states　美国政府 见国家

variation　变异 8，10，12，40，72—73，82，175

See also cotton，mutation，recombination，varieties　参见棉花，基因突变，重组，
品种

varieties　品种 14—15，66，72—76，175

vitamin B　维生素 B 87

vitamin D　维生素 D　87—90

Wadsworth, Alfred　阿尔弗雷德·沃兹沃斯　128

war as evolutionary force　战争作为进化的推动力 39，76—77，157

water frame. *See* Arkwright　水力纺纱机　见阿克莱特

weaving. *See* cotton　织布　见棉花

weeds　杂草 51，80

West Indies. *See* Caribbean　西印度群岛　见加勒比地区

whitefish　白鲑鱼 27

Whitney, Eli　伊莱·惠特尼 106，118—119

Williams, Eric　埃里克·威廉姆斯 128

wolves　狼 58—60，65 *See also* Yellowstone National Park　参见黄石国家公园

World Health Organization　世界卫生组织 84

Worster, Donald　多纳尔德·沃斯特　146

Wrigley, E. A.　E. A. 里格雷　106

Wyatt, John　约翰·怀亚特　115

Yellowstone National Park　黄石国家公园　49—50

图书在版编目（CIP）数据

进化的历程:从历史和生态视角理解地球上的生命 /（美）爱
德蒙德·罗素著；李永学译. —北京：商务印书馆,2021
（生态与人译丛）
ISBN 978 - 7 - 100 - 20233 - 6

Ⅰ. ①进⋯　Ⅱ. 爱⋯ ②李⋯　Ⅲ. ①生物—进化—普及
读物　Ⅳ. ①Q11 - 49

中国版本图书馆 CIP 数据核字(2021)第 151654 号

生态与人译丛

进化的历程

从历史和生态视角理解地球上的生命

〔美〕爱德蒙德·罗素　著

李永学　译

商 务 印 书 馆 出 版
（北京王府井大街36号　邮政编码100710）
商 务 印 书 馆 发 行
北京市十月印刷有限公司印刷
ISBN 978 - 7 - 100 - 20233 - 6

2021 年 9 月第 1 版　　　开本 710×1000　1/16
2021 年 9 月北京第 1 次印刷　印张 18

定价：55.00 元